cafejangssam's best dessert

파운드케이크

장쌤
장은영 지음

cafejangssam's best dessert

파운드케이크

초판 1쇄 발행	2019년 12월 10일
초판 5쇄 발행	2021년 12월 20일

지은이	장은영
펴낸이	한준희
발행처	(주)아이콕스

기획·편집	박윤선
디자인	김보라
사진	박성영
스타일링	이화영
영업	김남권, 조용훈, 문성빈
영업지원	김진아, 손옥희

주소	경기도 부천시 조마루로385번길 122 삼보테크노타워 2002호
홈페이지	http://www.icoxpublish.com
인스타그램	@thetable_book
이메일	thetable_book@naver.com
전화	032) 674-5685
팩스	032) 676-5685
등록	2015년 07월 09일 제2017-000067호
ISBN	979-11-6426-069-0

파운드케이크

PROLOGUE

『다쿠아즈』 책 이후로 벌써 1년이라는 시간이 지났습니다. 저는 책이라는 건 아주 오랜 경력을 가지신 분들이나 대단히 유명하신 분들만 내는 거라고 생각했었어요. 그래서 첫 책을 쓸 때도 걱정과 고민이 가득했었습니다. 내가 감히...라는 생각을 가장 많이 했던 것 같아요. 그런데 『다쿠아즈』 책 출간 후에 생각이 조금 바뀌었어요. 저는 다만 제가 아는 것들을 최선을 다해 책에 담았을 뿐인데 그게 필요했던 분들이 책을 아껴주시는 걸 보면서 이번에도 용기를 낼 수 있었어요.

파운드케이크는 저부터도 참 좋아해요. 버터, 설탕, 달걀, 밀가루 딱 4가지 재료로 소박하게도 만들 수 있고 때로는 장식을 더해 화려하게 멋을 내기에도 좋아요. 많은 도구 없이도 쉽게 만들 수 있기 때문에 초보자 분들이 만들기에도 부담이 없고요. 아침에 출근하는 가족들 가방에 한두 개 간식으로 넣어주기에도 좋고 특별한 날 파티 케이크로도 손색이 없어요. 작은 카페에서 차와 함께 내어드리기에도 좋아요. 제 클래스에서도, 카페에서도 파운드케이크는 항상 인기 있는 품목이었기 때문에 책으로 담아내고 싶었어요.

요즘 저는 제과를 하면 할수록 어렵다는 생각과 함께 '여기에 정답이 있을까?'라는 생각이 들어요. 정답이 있을까요? 저는 솔직히 잘 모르겠어요. 정답이 있다면 오히려 쉬울 것 같은데 재미는 없을 것 같아요. 정해진 답이 없기에 하면 할수록 어렵고 그래서 오래 할수록 더 재미가 있는 게 아닐까 생각을 하면서 그동안 굳어져버린 습관과 틀을 조금씩 깨보려고 노력하고 있어요. 당연하다고 생각했던 것들에 대해서 왜 그래야 하는지를 물어보는 것. 그래서 이 책도 무조건 이렇게 해야 한다는 생각보다는 이렇게 할 수도 있고 저렇게 할 수도 있다는 유연한 생각으로 만들었어요. 이 책을 보시는 분들도 딱 이렇게 정해진 대로만 해보지 마시고 이렇게도 해보고 저렇게도 해보고 이것도 넣어보고 저것도 넣어보고 엉망진창으로 실패도 해보는 과정에서 재미를 찾고 나만의 레시피를 만들어가면 좋을 것 같아요. 그러면 하나의 레시피가 열 개, 백 개가 되기도 하니까요. 저는 "책만 봐도 충분한가요?"라는 질문을 많이 받는데 아마 충분하지 않을 거라고 생각해요. 책 한 권에 어떻게 모든 걸 다 담을 수 있을까요. 직접 수업을 들어도 충분하지 않을 수 있어요. 가장 중요한 건 내가 많이 해보는 것, 그러면서 글로 담기 어려운 나만의 감을 잡는 것, 내 것으로 만드는 것, 그게 가장 좋은 것 같아요. 실패가 두려워 시도조차 하지 않는 실수를 하지 마세요. 저도 여전히, 그리고 자주 실패합니다. 이 책을 눈으로만 보지 않고 펼쳐두고 많이 만들어보아 구겨지기도 하고 반죽이 튄 자국도 있는 그런 책이 되기를 간절히 바라고 있어요.

항상 바쁘다고 마감일을 지키지 않는 저를 찐사랑으로 감싸준 팀장님과 제 자식 같은 케이크들을 예쁘게 담아 주신 포토그래퍼 선생님, 스타일리스트 선생님께 정말 감사드립니다. 그리고 때로는 다투기도 하지만 항상 응원해주고 도와주는 가족들에게도 고맙다고 말하고 싶어요. 부족한 저를 기꺼이 선생님이라고 부르며 이 책을 기다려주신 많은 수강생 분들께도 감사합니다. 우리, 오래오래 재미있고 건강하게 베이킹해요!

2019년 11월 저자 장은영

Contents

PROLOGUE

PREPARATION

Class 01.

3가지 기법으로 만드는 기본 파운드케이크

Class 06.

특별한 날의 파운드케이크

SPECIAL CLASS

PREPARATION

파운드케이크를 만들기 위해 알아두어야 할 기본 사항과 이론, 준비해야 할 필수 재료와 도구를 설명해요. 다양한 틀 사용법부터 반죽을 담고 정리하는 법, 완성한 케이크를 보관하는 방법까지 상세하게 알려드리니 본 작업에 들어가기 전 꼭 숙지해주세요.

파운드케이크
알아보기

우리가 말하는 파운드케이크 pound cake 는 버터, 설탕, 달걀, 밀가루를 1:1:1:1 비율로 만들어 구워내는 버터케이크입니다. 기본 배합이 1파운드(450g) 단위라 영어로 '파운드케이크'라 부르며 불어로는 '카트르카르 Quatre-Quarts'라고 부릅니다.

파운드케이크뿐만 아니라 마들렌, 피낭시에 등 대부분의 버터 반죽들은 카트르카르에서 출발하고 있습니다. 이것을 기본으로 조금 더 양을 늘리거나 줄이거나, 혹은 무언가를 추가하는 등의 방법으로 변형이 이루어지게 됩니다.

파운드케이크를 만들 때는 버터에 공기를 충분히 넣어 확실한 기포를 만드는 것, 버터와 달걀이 분리되지 않고 매끈하게 혼합되도록 섞는 것이 중요합니다.

파운드케이크는 버터의 양이 많기 때문에 오랫동안 촉촉하게 보관할 수 있으며 휴대하기에도 간편합니다. 그래서 gateau de voyage 즉, '여행갈 때 가지고 가는 케이크'로 부르기도 합니다.

재료와 도구

- 재료 -

달걀

1개의 무게가 55g 정도인 달걀을 사용합니다. 머랭을 올리는 흰자는 차갑게 준비해 사용하지만 파운드케이크 반죽에 들어가는 달걀은 대부분 상온 상태로 준비해 사용합니다.

밀가루

단백질 함량에 따라 강력분, 중력분, 박력분으로 나뉩니다. 과자에서는 보통 박력분을 많이 사용하지만 묵직한 질감을 내고 싶을 때에는 강력분을 사용하기도 합니다.

버터

제과에서는 무염버터를 사용하는 것이 기본입니다. 파운드케이크에는 버터가 많이 들어가기 때문에 좋은 버터를 사용하는 것이 좋습니다. 이 책의 레시피에서는 엘르앤비르 고메버터를 사용하였습니다.

설탕, 슈거파우더

설탕은 단맛을 낼 뿐만 아니라 케이크의 노화를 늦추고 구움색을 내는 역할도 합니다. 백설탕을 주로 사용하지만 레시피에 따라 단맛에 향, 수분을 더한 황설탕, 흑설탕을 사용하기도 합니다. 설탕을 갈아놓은 슈거파우더를 사용하면 크림화를 짧은 시간 안에 할 수 있지만 그만큼 빨리 굳어 반드시 밀봉해 보관해야 합니다.

베이킹파우더

반죽을 부풀게 하는 역할을 합니다. 파운드케이크에서 필수 재료는 아니므로 사용할 수도, 사용하지 않을 수도 있습니다. 가루 재료의 양이 많거나 수분 함량이 적은 레시피에는 베이킹파우더를 넣어야 반죽을 충분히 부풀게 할 수 있습니다.

바닐라빈

바닐라빈은 크게 마다가스카르산 바닐라빈과 타히티산 바닐라빈으로 나눌 수 있습니다. 마다가스카르산 바닐라빈은 약간의 나무 향이 나고, 타히티산 바닐라빈은 꽃향기가 좀 더 풍부하게 나는 것이 특징입니다. 바닐라빈은 한 줄기씩 랩으로 싸 냉동 보관하는 것이 좋으며 사용하기 전 전자레인지에 살짝 돌려 따뜻한 상태로 사용하면 씨를 가르기도 편하고 향도 더 진해집니다.

리큐어

브랜디에 향, 당, 색소를 가미한 것으로 제과에 맛과 향을 끌어올리기 위해 사용합니다. 다양한 맛과 향을 내는 만큼 많은 종류의 브랜드와 제품이 있으므로 레시피와 어울리는 것을 사용합니다.

아몬드가루

밀가루가 섞이지 않은 100% 아몬드가루를 사용합니다. 아몬드를 직접 갈아 체에 걸러 사용하면 더 신선한 상태로 사용할 수 있습니다. 파운드케이크에 넣으면 고소하면서도 묵직하고 촉촉한 식감을 낼 수 있습니다.

마지판

아몬드를 설탕과 함께 갈아 반죽 상태로 만든 제품입니다. 공예용 마지판은 아몬드 함량이 낮기 때문에 이 책에서는 루베카(LUBECKER) 마지판을 사용하였습니다. 파운드케이크에 넣으면 묵직하면서도 고소하고 촉촉한 식감을 낼 수 있습니다.

사워크림, 우유, 생크림

우유는 반죽에 수분을 더하고 촉촉한 식감을 내고 싶을 때 사용합니다. 생크림, 사워크림은 우유보다 조금 더 묵직한 촉촉함을 주고 싶을 때 사용하며 사워크림 대신 플레인요거트로 대체할 수 있습니다.

- 도구 -

핸드믹서
달걀을 거품 내거나 반죽을 혼합할 때 사용합니다. 속도가 여러 단계로 나누어진 제품이 사용하기 편하고 활용도도 높습니다.

주걱, 거품기
재료를 섞기 위한 도구입니다. 파운드케이크를 만들 때는 보통 가루 재료를 섞을 때 사용하며 힘이 있는 탄탄한 제품을 고르는 것이 좋습니다.

전자저울
정확한 계량을 위해 최소 단위가 1g 이하인 전자저울을 사용하는 것이 베이킹용으로 적합합니다. 최대 중량이 1kg인 저울보다 2kg 이상인 저울이 많은 양의 작업을 할 때 더 편리합니다.

식힘망
구워져나온 파운드케이크를 틀에서 빼내 식힐 때 사용하는 도구입니다.

스테인리스 볼
반죽을 혼합하거나 크림을 만들 때 사용합니다. 볼의 크기와 깊이는 다양하므로 레시피와 분량에 따라 선택하는 것이 좋습니다.

유산지
파운드케이크에서는 주로 반죽을 붓기 전 틀 사이즈에 맞게 재단한 후 틀 안에 넣는 용도로 사용합니다. 유산지를 깐 틀에서 파운드케이크를 구우면 틀과 분리하기 쉽습니다.

- 몰드와 틀 -

실리콘 몰드

실리콘 몰드를 사용하면 일반 틀과는 달리 따로 버터를 칠하지 않아도 틀과 케이크의 분리가 쉽기 때문에 요즘 많이 사용하고 있는 도구입니다. 사용 후에는 깨끗하게 씻어 오븐에서 말린 후 밀봉해 보관해야 먼지가 들러붙지 않습니다.

파운드틀

직사각형 모양의 틀로 파운드케이크를 만들 때 가장 많이 사용하는 기본적인 틀입니다. 유산지를 깔거나 버터 칠을 한 후 사용합니다. 이 책에서는 15×8×6.5cm 사이즈의 오란다틀을 주로 사용하였습니다.

튜브틀

틀 가운데에 봉이 있어 반죽 가운데 동그란 구멍이 생기는 틀입니다. 구멍 안에 가나슈나 잼, 크림 등을 채워 넣을 수 있어 파운드케이크의 자른 단면이 재미있는 틀입니다.

망게틀

파운드케이크를 원형으로 만들고 싶을 때 사용할 수 있는 틀입니다. 굽고난 후 뒤집었을 때 아래쪽이 더 넓은 형태가 됩니다. 이 책에서는 '무화과라벤더 파운드케이크'에서 사용하였습니다.

모양틀

이 책에서 사용한 밤 모양 틀은 틀 안쪽에 실리콘 코팅 처리가 되어 있는 제품입니다. 코팅 처리가 되어 있는 제품은 따로 버터 칠을 하지 않아도 반죽과 틀이 깔끔하게 분리되기 때문에 사용이 편리합니다.

03.

틀 준비

반죽을 붓기 전 파운드케이크 틀에 버터를 칠해주거나 유산지를 깔아주어야 굽고 난 후 틀과 파운드케이크를 분리하기 쉽습니다. 틀 안쪽에 버터를 얇게 칠한 후 체 친 밀가루를 뿌려 가볍게 털어내 코팅하는 방법, 포마드 상태의 버터와 강력분을 5:1의 비율로 잘 섞어 붓을 이용해 칠하는 방법이 있습니다. 이 책에서는 두 번째 방법을 사용하였습니다.

| 오란다틀 전체에 칠하기

1. 붓을 이용해 틀 안쪽에 발라줍니다.

Point 상온에 두어 손가락으로 살짝 눌렀을 때 부드럽게 눌려지는 상태(포마드 상태)의 버터를 발라줍니다.

2. 틀 바닥, 옆면에 얇고 균일하게 발라주는 것이 중요합니다.

Point 녹은 버터를 사용하면 반죽 곳곳이 뭉칠 수 있기 때문에 포마드 상태의 버터를 바르는 것이 좋습니다.

ㅣ 오란다틀 옆면에 칠하기

1. 붓을 이용해 틀 옆면에 발라줍니다.

Point 본 책의 '애플캐러멜 파운드케이크'처럼 바닥에 과일 조림이 깔리는 경우 버터를 틀
　　　 옆면에만 발라줍니다.

2. 바닥을 제외한 옆면에만 바른 모습입니다.

Point 버터의 양은 반죽이 틀에 들러붙지 않게 도와주는 정도면 충분합니다.

| 튜브틀에 버터 바르기

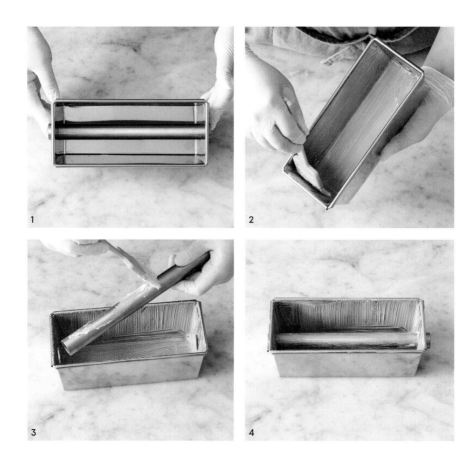

1. 튜브틀은 가운데 봉이 있는 것이 특징입니다. 버터를 칠하기 전 봉을 한 방향으로 돌려가며 옆으로 빼줍니다.

   Point 튜브틀을 이용하면 가운데가 빈 반죽을 구울 수 있어 그 안에 가나슈, 잼 등의 재료를 채워 넣을 수 있습니다.

2. 틀 안쪽의 바닥, 옆면에 포마드 상태의 버터를 얇고 균일하게 발라줍니다.

3. 봉 전체에도 포마드 상태의 버터를 발라줍니다.

   Point 봉에 버터를 칠하지 않으면 반죽을 굽고 난 후 봉을 분리할 때 반죽이 묻어나오거나 깔끔하게 분리되지 않습니다.

4. 버터를 바른 봉은 다시 틀에 끼워줍니다.

| 유산지 깔기

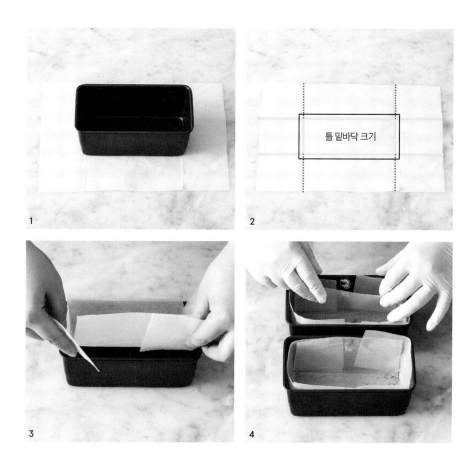

틀 밑바닥 크기

1. 사용할 파운드케이크 틀을 유산지 위에 올려 틀의 높이를 가늠해 유산지를 재단합니다.

2. 노란색 선처럼 틀 바닥 크기보다 조금 안쪽으로 한 번 접어준 후 빨간 점선 부분을 잘라줍니다.

3. 자른 모서리 부분을 접어 틀 안에 넣어줍니다.

4. 반죽 소량을 틀과 유산지 사이에 묻혀 고정시켜주면 반죽을 부을 때 유산지가 움직이지 않아 편합니다.

Point 틀에 버터를 칠하는 경우 유산지를 깔지 않아도 됩니다.

04.

반죽 정리

가운데가 봉긋하게 솟아오른 모양과 윗면 가운데가 예쁘게 터진 파운드 케이크를 생각하시는 분들이 많습니다. 이는 오븐 속 뜨거운 열기로 인해 반죽의 겉면부터 구워지면서 내부에서 생기는 수분이 빠져나갈 공간을 찾다가 반죽 겉면 중 가장 나중에 익는 가운데 부분으로 터지게 되는 원리입니다. 간혹 정중앙이 아닌 한 쪽으로 치우치게 터지는 경우가 생길 수 있어 정중앙에서 예쁘게 터지게 하기 위해 아래의 작업들을 할 수 있지만 생략해도 무방합니다.

| 틀에서 반죽 정리하기

1. 유산지를 깔거나 버터를 칠한 틀에 적당한 양의 반죽을 담아줍니다.

Point 반죽을 담는 양은 부풀어오를 것을 생각해 틀의 80%를 넘지 않도록 합니다.

2. 주걱을 이용해 틀 가운데에서 시작해 가장자리로 끌어올리듯 반죽을 밀어줍니다.

3. 틀을 반대로 돌려 동일한 방법으로 반죽을 끌어올리듯 밀어줍니다.

4. 반죽이 양옆으로 끌어올려져 가운데가 움푹 들어간 모습입니다.

Point 거품형 반죽의 경우 이 작업을 하지 않습니다.

| 반죽 안쪽 가운데에 버터로 파이핑하기

1. 틀에 반죽을 담은 후 오븐에 넣기 전 포마드 상태의 버터를 짤주머니에 담아 반죽 안쪽
   으로 짤주머니 입구를 넣어 한 줄로 파이핑합니다. 사진은 설명을 위해 반죽 위쪽에 파이
   핑한 모습입니다.

2. 이 작업은 파이핑한 버터가 반죽보다 먼저 녹으면서 반죽 가운데에 틈을 만들어 이 틈으
   로 수분이 빠져나가면서 봉긋하게 터지는 원리입니다.

| 반죽을 익히는 도중 칼집내기

1. 반죽을 손으로 만져 표면에 얇은 막이 느껴지고 반죽이 손에 묻어나오지 않을 정도로 익
   었을 때 나이프를 이용해 반죽 가운데에 칼집을 내줍니다.

   Point 오븐 밖 차가운 공기와 만나 반죽의 숨이 죽을 수 있으므로 오븐 안에서 재빠르게 작업하는 것
   이 좋습니다.

2. 처음부터 끝까지 길게 칼집을 내줍니다.

   Point 틀 높이의 1/3 정도 깊이로 칼집을 내줍니다.

파운드 케이크의 보관

파운드케이크의 모양과 촉촉함을 유지하기 위해 오븐에서 구워져 나온 후의 보관은 매우 중요합니다. 보관법은 파운드케이크의 종류에 따라, 사용하는 틀에 따라 조금씩 차이가 있으므로 아래의 기본 사항과 함께 이 책의 각 레시피마다 적혀진 보관법을 참고하는 것을 추천합니다. 대부분의 구움과자가 그러하듯 구워져 나온 직후보다 1~2일 후에 먹는 것이 더 맛있습니다.

| 틀 분리

오란다틀에서 구운 파운드케이크는 틀에서 곧바로 빼내 식힘망 위에서 식혀줍니다.

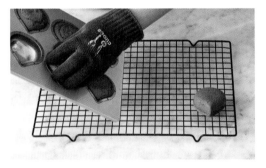

모양틀을 사용할 경우 모양이 망가지지 않게 주의합니다. 구워져 나온 후 틀에서 곧바로 빼내 식힘망 위에서 식혀줍니다.

튜브틀을 사용할 경우 틀이 미지근해질 때까지 식혀 봉을 한 방향으로 돌려가며 빼낸 후 스패출러나 나이프를 이용해 틀과 반죽 사이에 틈을 만들어 틀에서 분리합니다.

실리콘 몰드를 사용할 경우 구운 후 몰드에서 곧바로 빼내 식힘망 위에서 식혀줍니다.

파운드케이크의 온기가 남아 있을 때 밑면이 될 부분을 제외한 모든 곳에 시럽을 발라주면 파운드케이크가 촉촉하게 유지됩니다.

Point 뜨거운 김은 가시고 따뜻함은 남아 있는 상태에서 발라줍니다. 사용하는 시럽은 파운드케이크의 종류에 따라 다르며 시럽 대신 레시피에 어울리는 향의 리큐어를 바를 수도 있습니다.

글레이즈, 아이싱, 크림 등으로 파운드케이크를 덮어주는 경우에도 케이크가 마르지 않아 수분이 촉촉하게 유지됩니다.

식힘망 위에서 한 김 식힌 파운드케이크를 밀착 랩핑해 보관하면 촉촉함을 유지할 수 있습니다.

3가지 기법으로 만드는 기본 파운드케이크

파운드케이크를 만드는 방법은 정말 다양해요. 여기에서는 가장 기본적이면서도 파운드케이크에서 많이 활용하는 기법을 배워볼게요. 슈거배터법을 공립법과 별립법으로 나누어 만들어본 후 플라워배터법까지 알아보도록 할게요.

슈거배터법
- 공립법 -

파운드케이크를 만들 때 가장 많이 사용하는 방법인 슈거배터법Sugar batter method은
공립법과 별립법으로 나눌 수 있어요. 공립법은 흰자와 노른자를 따로 넣지 않고 달걀전란으로 넣기 때문에
별립법으로 만든 케이크에 비해 부피와 기공이 작으며 좀 더 묵직한 식감으로 완성되는 것이 특징입니다.

바닐라 반죽

[재료]

바닐라 반죽

버터	200g	베이킹파우더	5g
슈거파우더	150g	우유	20g
달걀전란	180g	바닐라페이스트	8g
박력분	200g	바닐라빈	1개

바닐라 시럽

설탕	30g
물	60g
럼	5g
바닐라빈	1/2개

[준비 사항]

• 버터는 포마드 상태로 준비합니다.

• 냄비에 설탕과 물을 넣고 설탕이 녹을 때까지 끓인 후 불에서 내려 럼과 바닐라빈을 넣고 식혀
바닐라 시럽을 완성합니다.

• 오븐은 굽는 온도보다 20℃ 높게 미리 예열해둡니다.

[틀&분량]

15cm 오란다틀 2대

[보관법]

• 실온 : 5일
• 냉동 : 2주

1. 데운 우유에 바닐라빈과 바닐라페이스트를 넣고 10분 정도 우려냅니다.

Point 바닐라빈은 껍질을 갈라 칼로 긁어 씨를 분리한 후 우유에 넣어줍니다. 껍질에서도 향이 많이 우러나므로 진한 향을 내고 싶다면 껍질과 함께 우려냅니다.

2. 포마드 상태의 버터를 고속으로 풀어줍니다.

Point 버터는 상온에 두어 손가락으로 눌렀을 때 부드럽게 들어가는 상태로 준비합니다.

3. 슈거파우더를 넣고 가루가 날리지 않도록 저속으로 휘핑하면서 반죽이 매끈해질 때까지 섞어줍니다.

4. 반죽이 분리되지 않도록 달걀전란을 조금씩 나눠 넣으며 충분히 휘핑합니다.

Point 반죽이 분리될 경우에는 박력분을 조금씩 넣어주면서 휘핑하면 수분을 흡수해 반죽이 다시 매끈해집니다.

5. 볼 벽면에 날가루가 남아 있지 않도록 중간 중간 주걱으로 반죽을 정리합니다.

6. 체 친 박력분, 베이킹파우더를 넣고 날가루가 보이지 않을 때까지 주걱으로 잘 섞어줍니다.

7. 미지근하게 식은 1을 넣고 매끈하게 섞어줍니다.

8. 반죽이 완성된 모습입니다.

9. 유산지를 깐 틀에 반죽을 약 380g씩 넣고 양쪽으로 끌어 올리듯 정리합니다.

10. 185℃로 예열한 오븐에 넣고 165℃에서 30~35분간 구 워줍니다.

11. 구워져 나온 파운드케이크는 바닥에 쳐 타격을 준 후 틀 과 분리합니다. 한 김 식힌 후 바닥을 제외한 모든 부분에 바닐 라 시럽을 발라 틀 위에서 식혀줍니다.

Point 구워져 나온 직후 틀과 분리해야 옆면이 찌그러지지 않습니다.

슈거배터법
– 별립법 –

별립법은 달걀흰자의 부피를 키워 반죽에 넣기 때문에 달걀전란을 넣는 공립법에 비해
케이크의 부피와 기공이 커 좀 더 폭신한 식감으로 완성되는 것이 특징입니다.

바닐라 반죽

[재료]

바닐라 반죽

버터 ……………… 200g	박력분 ………… 200g
슈거파우더 …… 120g	베이킹파우더 …… 5g
달걀노른자 …… 60g	우유 …………… 20g
달걀흰자 ……… 120g	바닐라페이스트 … 8g
설탕 …………… 30g	바닐라빈 ………… 1개

바닐라 시럽

설탕 …………… 30g
물 ……………… 60g
럼 ……………… 5g
바닐라빈 ……… 1/2개

[준비 사항]

• 버터는 포마드 상태로 준비합니다.

• 냄비에 설탕과 물을 넣고 설탕이 녹을 때까지 끓인 후 불에서 내려 럼과 바닐라빈을 넣고 식혀
  바닐라 시럽을 완성합니다.

• 오븐은 굽는 온도보다 20℃ 높게 미리 예열해둡니다.

[틀&분량]

15cm 오란다틀 2대

[보관법]

• 실온 : 5일
• 냉동 : 2주

1. 데운 우유에 바닐라빈과 바닐라페이스트를 넣고 10분 정도 우려냅니다.

2. 포마드 상태의 버터를 고속으로 풀어줍니다.

3. 슈거파우더를 넣고 가루가 날리지 않도록 저속으로 섞어줍니다.

4. 볼 벽면에 남아 있는 재료가 없도록 주걱으로 정리하며 한번 더 섞어 반죽을 정리합니다.

5. 달걀노른자를 넣고 섞어줍니다.

6. 달걀흰자에 약간의 설탕을 넣고 달걀흰자 표면에 큰 기포가 사라질 때까지 중속으로 휘핑해줍니다.

7. 남은 설탕을 2~3번 나누어 넣으면서 머랭이 단단해질 때까지 휘핑해줍니다.

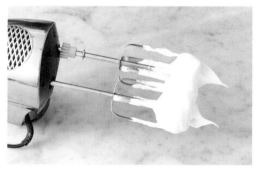

8. 완성된 머랭은 들어올렸을 때 뿔이 살랑살랑 흔들리면서 뾰족하게 서는 정도입니다.

Point 너무 오랫동안 휘핑하면 머랭이 푸석해지면서 거칠어지니 주의합니다.

9. 5에 완성된 머랭 절반을 넣고 떠올리듯 섞어줍니다.

10. 체 친 박력분, 베이킹파우더를 넣고 떠올리듯 가볍게 섞어줍니다.

11. 남은 머랭 전부를 넣고 떠올리듯 섞어줍니다.

12. 1을 넣고 섞어줍니다.

13. 반죽이 완성된 모습입니다.

14. 유산지를 깐 틀에 반죽을 약 380g씩 넣고 양쪽으로 끌어 올리듯 정리합니다.

15. 185℃로 예열한 오븐에 넣고 165℃에서 30~35분간 구워 줍니다.

16. 구워져 나온 파운드케이크는 바닥에 쳐 타격을 준 후 틀과 분리합니다. 한 김 식은 후 바닥을 제외한 모든 부분에 바닐라 시럽을 발라 틀 위에서 식혀줍니다.

Point 파운드케이크에 시럽을 발라 보관하면 촉촉함이 오래 유지됩니다.

플라워배터법

플라워배터법Flour batter method은 버터에 밀가루를 먼저 넣어 공기를 혼합하는 방법입니다.
수분 재료보다 밀가루가 먼저 섞이기 때문에 달걀을 넣을 때 분리될 가능성이 적은 방법입니다.
가루 재료가 버터보다 많은 레시피에서 주로 이 방법을 사용하며
구워져 나온 파운드의 내상이 촘촘하고 결이 고운 것이 특징입니다.

바닐라 반죽

[재 료]

바닐라 반죽

버터 ·············	200g	베이킹파우더 ······	5g
슈거파우더 ······	150g	우유 ················	20g
달걀전란 ·········	180g	바닐라페이스트 ··	8g
박력분 ···········	200g	바닐라빈 ············	1개

바닐라 시럽

설탕 ··············	30g
물 ·················	60g
럼 ·················	5g
바닐라빈 ·········	1/2개

[준비 사항]

· 버터는 포마드 상태로 준비합니다.

· 냄비에 설탕과 물을 넣고 설탕이 녹을 때까지 끓인 후 불에서 내려 럼과 바닐라빈을 넣고 식혀
바닐라 시럽을 완성합니다.

· 오븐은 굽는 온도보다 20℃ 높게 미리 예열해둡니다.

[틀&분량]

15cm 오란다틀 2대

[보관법]

· 실온 : 5일
· 냉동 : 2주

1. 볼에 달걀전란과 슈거파우더를 넣고 휘퍼로 잘 섞어줍니다.

2. 데운 우유에 바닐라빈과 바닐라페이스트를 넣고 10분 정도 우려냅니다.

3. 볼에 포마드 상태의 버터를 넣고 고속으로 풀어줍니다.

4. 체 친 박력분, 베이킹파우더를 넣고 섞어줍니다.

5. 재료가 잘 섞이도록 중간 중간 주걱으로 볼 벽면을 정리해 줍니다.

6. 반죽이 분리되지 않도록 1을 2~3번 나누어 넣으며 섞어줍니다.

7. 2를 넣고 잘 섞어줍니다.

8. 반죽이 완성된 모습입니다.

9. 유산지를 깐 틀에 반죽을 약 380g씩 넣고 양쪽으로 끌어 올리듯 정리합니다.

10. 185℃로 예열한 오븐에 넣고 165℃에서 30~35분간 구 워줍니다.

11. 구워져 나온 파운드케이크는 바닥에 쳐 타격을 준 후 틀 과 분리합니다. 한 김 식은 후 바닥을 제외한 모든 부분에 바닐 라 시럽을 발라 틀 위에서 식혀줍니다.

Point 시럽을 바르거나 랩으로 밀착 랩핑해 촉촉함을 유지할 수 있 습니다.

Class 02.

3가지 기법을 응용한
파운드케이크

'Class 01'에서 배워본 기본 기법을 응용하면 다양한 파운드케이크를 완성할 수 있어요. 여기에서는 3가지 기법 중 슈거배터법(공립법)과 플라워배터법으로 만든 파운드케이크를 소개할게요. 이 파트의 초코마블 파운드케이크와 코코패션 파운드케이크는 공립법으로, 단호박치즈 파운드케이크와 쑥콩 파운드케이크는 플라워배터법으로 만들어보았어요. 슈거배터법(별립법)은 'Class 04. 머랭으로 만드는 파운드케이크'에서 더 자세하게 알아볼게요.

초코마블 파운드케이크

간난하면서도 밋밋하지 않은 모양을 만들고 싶을 때 두 가지 반죽을 이용하는 방법을 추천해요.
기본 반죽과 색을 내는 반죽을 더해 본 레시피처럼 반죽을 가볍게 섞어 얇고 촘촘한 마블링을 만들 수도,
틀에 반죽을 반반씩 순서대로 담아 큼직한 마블 모양을 만들 수도 있어요.

초콜릿 반죽

기본 반죽

[재료]

기본 반죽

버터 ············	200g
설탕 ············	170g
달걀전란 ·······	200g
박력분 ··········	170g
베이킹파우더 ···	4g
아몬드가루 ······	30g

초콜릿 반죽

코코아파우더 ··	12g
버터 ··········	20g
우유 ··········	20g

녹차 반죽(응용)

녹차가루 ·······	8g
버터 ··········	20g
우유 ··········	20g

[준비 사항]

• 버터는 포마드 상태로 준비합니다.

• 오븐은 굽는 온도보다 20℃ 높게 미리 예열해둡니다.

[틀&분량]   15cm 오란다틀 2대

[보관법]

• 실온 : 5일

• 냉동 : 2주

1. 포마드 상태의 버터를 고속으로 풀어준 후 설탕을 2~3번 나눠 넣어주면서 충분히 섞어줍니다.

2. 달걀전란은 분리되지 않도록 조금씩 나눠 넣으며 섞어줍니다.

Point 반죽이 분리된 경우 중간에 아몬드가루를 넣고 섞으면 수분을 흡수해 분리를 잡을 수 있습니다.

3. 체 친 박력분, 베이킹파우더, 아몬드가루를 넣고 주걱으로 섞어줍니다.

4. 완성된 기본 반죽입니다.

5. 볼에 코코아파우더, 포마드 상태의 버터, 우유를 넣어줍니다.

Point 45p에 표기된 녹차 반죽 재료를 사용하면 녹차마블 파운드케이크로 완성할 수 있습니다.

6. 볼 벽면을 이용해 으깨듯 잘 섞어줍니다.

7. 4를 한 주걱 정도 넣고 초콜릿 색이 될 때까지 섞어 초콜릿 반죽을 완성합니다.

Point 기본 반죽의 양이 많아질수록 반죽의 색이 연해져 완성된 파운드케이크의 마블링이 잘 보이지 않을 수 있으니 주의합니다.

8. 7을 주걱으로 떠 남은 기본 반죽 군데군데에 담아줍니다.

9. 볼 밑에서 위로 반죽을 끌어올리듯 섞어줍니다.

10. 어느 정도 마블링이 생기면 마무리합니다.

Point 반죽을 틀에 담는 과정에서도 반죽이 조금씩 섞이기 때문에 마블링이 굵직하게 보이기 시작하면 섞는 것을 멈춰줍니다. 너무 많이 섞어버리면 완성된 케이크의 마블링 모양이 잘 보이지 않습니다.

11. 유산지를 깐 틀에 반죽을 약 400~410g씩 넣고 양쪽으로 끌어올리듯 정리한 후 185℃로 예열한 오븐에 넣고 165℃에서 30분간 구워줍니다.

단호박치즈 파운드케이크

단호박과 크림치즈가 큼직하게 박혀 있어 골라 먹는 재미가 있는 케이크예요.
노란 단호박 반죽과 초록빛의 녹차 크럼블이 어우러져 단면으로 잘랐을 때 더 예뻐요.

녹차 크럼블

단호박&크림치즈 반죽

[재료]

단호박&크림치즈 반죽

버터	80g	베이킹파우더	5g
설탕	140g	익혀 으깬 단호박	
달걀전란	110g		150g
박력분	160g	크림치즈	120g
아몬드가루	70g	구운 단호박	120g

녹차 크럼블

버터	40g
설탕	30g
박력분	50g
녹차가루	5g
아몬드가루	30g

[준비 사항]

- 버터는 포마드 상태로 준비합니다.
- 반죽에 섞을 단호박은 익힌 후 으깨 식혀줍니다.
- 반죽에 통째로 넣을 단호박은 사방 2~3cm 정도로 잘라 165℃로 예열된 오븐에서 18분간 구워줍니다.
- 크림치즈는 사방 2~3cm 정도로 잘라줍니다.
- 175p의 방법으로 녹차 크럼블을 완성합니다.
- 오븐은 굽는 온도보다 20℃ 높게 미리 예열해둡니다.

[틀&분량]

15cm 오란다틀 2대

[보관법]

- 실온 : 2일
- 냉동 : 2주

1. 달걀전란에 설탕을 넣고 휘핑기로 충분히 풀어줍니다.

2. 포마드 상태의 버터는 고속으로 풀어줍니다.

3. 2에 체 친 박력분, 아몬드가루, 베이킹파우더를 넣고 잘 섞어줍니다.

4. 반죽이 분리되지 않도록 1을 2~3번 나누어 넣으며 섞어줍니다.

5. 볼 벽면에 재료가 남아 있지 않도록 중간 중간 주걱으로 반죽을 정리해줍니다.

6. 익혀 으깬 단호박을 넣고 골고루 섞어줍니다.

7. 구운 단호박, 크림치즈를 넣고 주걱으로 가볍게 섞어줍니다.

Point 너무 많이 섞으면 단호박과 크림치즈의 모양이 망가질 수 있
으니 주의합니다.

8. 유산지를 깐 틀에 반죽을 약 470~480g씩 넣고 양쪽으로
끌어올리듯 정리합니다.

9. 준비한 녹차 크럼블을 반죽에 가득 올려줍니다.

10. 녹차 크럼블을 반죽 가장자리까지 골고루 위치시킨 후 가
볍게 눌러 반죽에 고정시켜줍니다.

11. 185℃로 예열한 오븐에 넣고 165℃에서 35분간 구워줍
니다.

코코패션 파운드케이크

작은 사이즈로 완성해 더 앙증맞은 미니 파운드케이크예요.

층층이 쌓은 코코넛 가나슈로 화이트초콜릿의 부드러움과 코코넛의 달콤함을 풍부하게 느낄 수 있어요.

패션후르츠와 코코넛슬라이스는 톡톡 씹히는 기분 좋은 식감을 더해줘요.

코코넛가루&코코넛슬라이스

패션후르츠&코코넛 반죽

코코넛 가나슈

[재료]

패션후르츠&코코넛 반죽

버터	150g
설탕	150g
달걀전란	150g
중력분	60g
옥수수전분	27g
아몬드가루	82g
베이킹파우더	2g
코코넛분말	40g
패션후르츠퓌레	45g

코코넛 가나슈

생크림	35g
코코넛퓌레	50g
화이트초콜릿	135g
코코넛리큐어	10g

패션후르츠 시럽

설탕	50g
물	75g
패션후르츠퓌레	30g

기타

코코넛가루	적당량
코코넛슬라이스	적당량

[준비 사항]

· 버터는 포마드 상태로 준비합니다.

· 설탕과 물을 끓여 설탕이 녹으면 패션후르츠퓌레를 넣고 섞어 패션후르츠 시럽을 완성한 후 식혀줍니다.

· 오븐은 굽는 온도보다 20℃ 높게 미리 예열해둡니다.

[틀&분량]

실리코마트 정사각 몰드 8구 1대

[보관법]

· 실온 : 3일
· 냉장 : 1주
· 냉동 : 2주

1. 생크림과 코코넛퓌레는 70~80℃ 정도로 데워주고, 화이트초콜릿은 전자레인지에서 녹여 준비합니다.

2. 1의 재료를 잘 섞어줍니다.

3. 코코넛리큐어(말리부)를 넣고 혼합합니다.

4. 완성된 코코넛 가나슈는 습기가 차지 않도록 랩으로 표면을 밀착시켜 파이핑할 수 있을 정도로 굳혀 준비합니다.

5. 포마드 상태의 버터를 고속으로 풀어줍니다.

6. 설탕을 두 번 나누어 넣으면서 충분히 섞어줍니다.

Point 버터의 양이 적기 때문에 매끈하게 섞이지 않아도 괜찮습니다.

7. 볼 벽면에 설탕이 남아 있지 않도록 주걱으로 정리합니다.

8. 반죽이 분리되지 않도록 달걀전란을 2~3번 나누어 넣어 가며 섞어줍니다.

9. 반죽이 분리될 기미가 보이는 경우 아몬드가루를 넣고 섞어주면 수분을 흡수해 분리를 잡을 수 있습니다.

Point 분리가 되지 않았다면 가루 재료를 넣는 다음 과정에서 아몬드가루를 함께 넣고 섞어줍니다.

10. 체 친 중력분, 옥수수전분, 베이킹파우더와 코코넛분말을 넣고 섞어줍니다.

11. 패션후르츠퓌레를 넣고 섞어줍니다.

12. 짤주머니에 완성된 반죽을 담아 몰드에 파이핑합니다.

Point 몰드의 공간마다 약 85g씩 반죽을 채워줍니다.

13. 몰드를 바닥에 살짝 내리쳐줍니다.

Point 반죽 안에 있을 기포를 제거해주고, 반죽 윗면을 평평하게 만들어주는 과정입니다.

14. 180℃로 예열한 오븐에 넣고 160℃에서 30분간 구워줍니다.

15. 구워져 나온 파운드케이크는 몰드에서 빼내 온기가 남아있을 때 패션후르츠 시럽을 발라 식힘망 위에서 식혀줍니다.

16. 각봉을 이용해 1.5cm 두께로 재단한 후 895번 깍지를 낀 짤주머니에 코코넛 가나슈를 넣어 파이핑합니다.

17. 시트를 덮고 가나슈를 파이핑하는 과정을 반복합니다.

18. 시트가 한 쪽으로 치우치지 않도록 수평을 잘 맞춘 후 가나슈가 굳을 때까지 냉동실에서 20분간 굳혀줍니다.

19. 파운드케이크의 모든 면에 코코넛 가나슈를 가볍게 파이핑합니다.

20. 장갑을 낀 손으로 가나슈를 얇게 펴바른 후 코코넛가루를 묻히고 코코넛슬라이스를 뿌려 완성합니다.

쑥콩 파운드케이크

파운드케이크에 보석처럼 박힌 다양한 콩배기가 매력적인 케이크예요.

취향에 따라, 구비된 콩 종류에 따라 한 가지 또는 여러 가지 콩을 사용해 완성할 수 있어요.

콩과 잘 어울리는 고소한 크림과 크럼블이 더해져 더욱 더 진한 고소함을 느낄 수 있어요.

콩 크럼블 / 쑥콩 반죽 / 콩 크림

[재료]

쑥콩 반죽

버터	80g
설탕	140g
달걀전란	110g
박력분	120g
아몬드가루	70g
쑥가루	30g
베이킹파우더	5g
사워크림	150g
콩배기류 (강낭콩배기, 치크피배기, 완두배기 등)	100g

콩 크림

설탕	60g
물	40g
달걀노른자	38g
버터	120g
콩가루	30g

콩 크럼블

설탕	30g
버터	40g
박력분	30g
강력분	20g
볶은 콩가루	30g
아몬드가루	30g

[준비 사항]

· 버터는 포마드 상태로 준비합니다.

· 콩배기류는 박력분에 가볍게 묻혀 준비합니다.

· 176p의 방법으로 콩 크럼블을 완성합니다.

· 오븐은 굽는 온도보다 20℃ 높게 미리 예열해둡니다.

[틀&분량]

15cm 오란다틀 2대

[보관법]

· 실온 : 3일

· 냉동 : 2주

1. 냄비에 설탕과 물을 넣고 118℃까지 끓여 시럽을 만듭니다.

2. 가볍게 푼 달걀노른자를 중속으로 휘핑하면서 1을 조금씩 흘려 넣어줍니다.

Point 시럽이 매우 뜨거운 상태이므로 흘려줄 때는 볼 벽면에 흘려 시럽이 튀지 않도록 합니다.

3. 시럽이 25℃로 식을 때까지 휘핑한 모습입니다.

4. 포마드 상태의 버터를 조금씩 나눠 넣고 휘핑해 버터크림을 만들어줍니다.

5. 콩가루를 넣고 휘핑한 후 주걱으로 정리해 콩 크림을 완성합니다.

6. 볼에 달걀전란과 설탕을 넣고 휘퍼로 잘 섞어줍니다.

7. 포마드 상태의 버터는 고속으로 풀어줍니다.

8. 7에 체 친 박력분, 아몬드가루, 쑥가루, 베이킹파우더를 넣고 가루가 날리지 않도록 저속으로 섞어줍니다.

9. 6을 2~3번 나누어 넣어가며 섞어줍니다.

Point 상대적으로 수분이 적은 반죽이기 때문에 휘핑할 때 뻑뻑한 느낌이 들 수 있습니다.

10. 사워크림을 넣고 섞어줍니다.

11. 볼 벽면에 남아 있는 재료가 없도록 주걱으로 반죽을 정리해줍니다.

12. 박력분에 묻혀 준비한 콩배기류를 넣고 가볍게 섞어줍니다.

Point 콩배기처럼 무게감이 있는 재료를 반죽에 섞을 때는 재료에 박력분을 가볍게 묻힌 후 반죽에 넣어주면 재료가 반죽 밑으로 가라앉는 것을 방지할 수 있습니다.

13. 유산지를 깐 틀에 반죽을 약 400g씩 넣고 양쪽으로 끌어 올리듯 정리합니다.

14. 준비한 콩 크럼블을 반죽 위에 올려줍니다.

15. 콩 크럼블을 가볍게 눌러 고정시킨 후 185℃로 예열한 오 븐에 넣고 165℃에서 35분간 구워줍니다.

Point 젓가락이나 꼬치 등의 도구로 반죽 가운데 부분을 찔러 반죽 이 묻어나오지 않을 때까지 구워줍니다.

16. 충분히 식힌 파운드케이크는 각봉을 이용해 1.5cm 두께 로 4장을 재단합니다.

17. 895번 깍지를 끼운 짤주머니에 콩 크림을 담고 시트에 크림을 파이핑합니다.

18. 크림을 파이핑하고 시트를 덮는 과정을 반복합니다.

19. 시트가 한 쪽으로 치우치지 않도록 수평을 맞춰줍니다.

20. 완성된 파운드케이크는 밀착 랩핑한 후 냉장고에 넣어 크림이 단단해지도록 굳혀야 예쁘게 자를 수 있습니다.

Class 03.

녹인 버터로 만드는
파운드케이크

달걀전란을 거품 내고 여기에 녹인 버터를 섞어 반죽을 만드는 파운드케이크를 알려드릴게요. 버터를 크림화해서 만들 때보다 더 촘촘하고 결이 고우며 보드라운 느낌의 케이크를 만들 수 있어요. 단, 녹인 버터의 양이 많은 편이기 때문에 달걀 거품이 쉽게 삭을 수 있어 재빠르게 작업하는 것이 좋습니다.

오렌지 파운드케이크

상큼한 디저트를 좋아하는 분들을 위한 케이크예요.
오렌지의 상큼함과 케이크의 달콤함이 더해져 홍차와 곁들여도 참 잘 어울리는 디저트랍니다.
취향에 따라 오렌지 대신 레몬이나 자몽으로 대체할 수도 있어요.

오렌지콩피

케이크 반죽

[재료]

케이크 반죽

버터 ············· 95g
플레인요거트 ··· 95g
오렌지제스트 ··· 10g
달걀전란 ········ 165g
설탕 ············· 140g
박력분 ·········· 140g
아몬드가루 ······ 40g
베이킹파우더 ··· 3g

오렌지콩피

슬라이스한 오렌지
················ 200g
설탕 ············· 200g
물 ················ 200g
물엿 ············· 200g
오렌지리큐어 ·· 15g

시럽

오렌지리큐어
················ 적당량

[준비 사항]

· 오렌지콩피에 사용할 오렌지는 깨끗이 세척한 후 1cm 두께로 슬라이스합니다.

· 오븐은 굽는 온도보다 20℃ 높게 미리 예열해둡니다.

[틀&분량]

18×18cm 정사각 틀 1대

[보관법]

· 냉장 : 5일
· 냉동 : 2주

1. 냄비에 슬라이스한 오렌지가 잠길 정도로 물을 붓고 끓이다가 팔팔 끓어오르면 물을 버리고 다시 새 물을 부어 끓여줍니다.

Point 이 과정을 동일하게 두 번 더 반복(총 3번)합니다.

2. 오렌지의 속껍질 부분이 투명해질 정도로 익으면 건져 올려 물기를 제거합니다.

3. 냄비에 설탕, 물, 물엿을 넣고 끓입니다. 설탕이 모두 녹으면 건져두었던 오렌지를 넣어 끓어오르면 불을 꺼 내용물 위에 유산지를 밀착시킨 상태로 상온에서 하룻밤 재워둡니다. 다음날 다시 불에 올려 데우듯이 가볍게 끓여준 후 불에서 내립니다. 이 과정을 3일간(3번 이상) 반복한 후 오렌지리큐어를 넣어 완성합니다.

Point 완성한 오렌지콩피는 시럽이 담긴 채로 냉장 보관합니다. 레몬이나 자몽 등 다른 과일들도 동일한 방법으로 콩피로 만들 수 있습니다.

4. 오렌지를 깨끗이 세척한 후 제스터를 이용해 오렌지제스트를 만들어줍니다.

Point 오렌지의 노란 겉껍질 부분만 사용합니다. 시판 제품을 사용해도 좋습니다.

5. 버터, 플레인요거트, 오렌지제스트를 볼에 담아 전자레인지에서 따뜻하게 녹여줍니다.

6. 달걀전란을 휘퍼로 가볍게 풀어준 후 설탕을 넣고 섞어줍니다.

7. 뜨거운 물을 담은 냄비 위에 6을 올려 중탕으로 설탕을 녹이고 달걀전란의 온도를 45℃ 정도로 높여줍니다.

8. 냄비에서 볼을 내린 후 고속으로 휘핑합니다.

9. 밝은 미색이 될 때까지 휘핑해 마무리한 모습입니다.

10. 체 친 박력분, 아몬드가루, 베이킹파우더를 넣고 주걱으로 떠올리듯 섞어줍니다.

11. 5에 10의 반죽을 반 주걱 정도 넣고 섞어줍니다.

12. 11을 10에 넣고 주걱으로 잘 섞어줍니다.

13. 볼 밑바닥에서부터 주걱으로 떠올리듯 재빠르게 섞어 반죽을 마무리한 모습입니다.

14. 붓에 버터를 묻혀 틀 안쪽에 얇게 발라줍니다.

15. 틀의 크기, 높이에 맞춰 호일을 자른 후 모서리를 접어 바닥을 만들어줍니다.

16. 만들어둔 오렌지콩피를 바닥에 깔아줍니다.

Point 오렌지콩피는 반죽을 만들기 전 미리 준비합니다.

17. 오븐 팬 위에 올려 반죽을 부어줍니다.

Point 사각 틀 모서리까지 반죽이 골고루 위치하도록 주걱으로 반죽을 정리해줍니다.

18. 오븐 팬을 바닥에 살짝 쳐 기포를 제거하고 윗면을 평평하게 만든 후 180℃로 예열한 오븐에 넣고 160℃에서 25분간 구워줍니다.

19. 구워져 나온 파운드케이크는 틀에서 빼내 뒤집은 후 따뜻한 온기가 남아 있을 때 오렌지리큐어(쿠앵트로)를 전체적으로 발라줍니다.

에스프레소 파운드케이크

풍부한 커피 맛과 달콤한 커피초콜릿 글레이즈가 잘 어우러진 케이크예요.
만드는 공정은 간단하지만 깊고 진한 커피 맛이 고급스럽게 느껴져
커피를 좋아하지 않는 분들도 맛있게 드실 수 있어요.

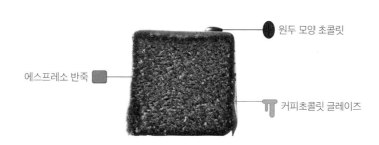

원두 모양 초콜릿

에스프레소 반죽

커피초콜릿 글레이즈

[재료]

에스프레소 반죽

마지판	200g
달걀전란	150g
달걀노른자	60g
설탕	75g
꿀	20g
박력분	70g
베이킹파우더	1g
원두가루	5g
버터	75g
에스프레소	40g

에스프레소 시럽

에스프레소	100g
설탕	50g
깔루아	20g

커피초콜릿 글레이즈

밀크초콜릿	200g
포도씨유	30g
카카오버터	40g
원두가루	5g

기타

원두 모양 초콜릿	적당량

[준비 사항]

· 버터는 전자레인지에서 녹여 준비합니다.

· 뜨거운 에스프레소에 설탕을 넣고 녹여 식힌 후 깔루
아를 섞어 에스프레소 시럽을 완성합니다.

· 180p의 방법으로 커피초콜릿 글레이즈를 완성합
니다.

· 오븐은 굽는 온도보다 20℃ 높게 미리 예열해둡니다.

[틀&분량]   15cm 오란다틀 2대

[보관법]   · 냉장 : 5일
　　　　　　　· 냉동 : 2주

1. 전자레인지에서 따뜻하게 데운 마지판에 달걀전란 일부를 넣어줍니다.

2. 마지판 덩어리가 남지 않도록 핸드믹서로 잘 풀어줍니다.

3. 주걱으로 볼 벽면을 정리해줍니다.

4. 남은 달걀전란, 달걀노른자, 설탕, 꿀을 모두 넣은 후 반죽이 뽀얗고 단단해져 들어올렸을 때 리본 모양이 유지될 때까지 고속으로 휘핑합니다.

5. 체 친 박력분, 베이킹파우더, 원두가루를 넣고 바닥에서부터 떠올리듯 주걱으로 섞어줍니다.

6. 녹여둔 버터를 넣고 빠르게 섞어줍니다.

7. 에스프레소를 넣고 섞어 반죽을 마무리합니다.

8. 유산지를 깐 틀에 반죽을 약 350g씩 넣고 바닥에 살짝 쳐 기포를 제거한 후 180℃로 예열한 오븐에 넣고 160℃에서 30분간 구워줍니다.

9. 구워져 나온 파운드케이크는 유산지를 제거한 후 볼록한 윗면을 평평하게 다듬고 뒤집어둡니다.

10. 케이크가 따뜻할 때 바닥을 제외한 모든 면에 준비한 에
스프레소 시럽을 충분히 바른 후 식혀줍니다.

11. 케이크가 완전히 식으면 준비한 커피초콜릿 글레이즈를
부어줍니다.

Point 케이크 가장자리까지 골고루 발리도록 확인하면서 부어줍니다.

12. 취향에 따라 초콜릿으로 장식한 후 글레이즈를 굳혀줍니다.

무화과라벤더 파운드케이크

초보자일수록 제철 식재료를 활용한 디저트를 추천해요.
계절마다 가장 맛있는 식재료를 활용하면 전반적인 디저트의 맛과 풍미를 한층 더 끌어올릴 수 있으니까요.
무화과를 풍부하게 올려 금박으로 고급스럽게 장식해
생일이나 기념일에 어울리는 케이크로도 충분히 활용할 수 있어요.

무화과

라벤더 아이싱

라벤더&무화과 반죽

[재료]

무화과 전처리(반죽용)

건조무화과 ····· 100g
물 ················ 200g
라벤더 티백 ···· 1개
박력분 ·········· 적당량

라벤더&무화과 반죽

버터 ··············· 70g
우유 ··············· 20g
라벤더 티백 ···· 2개
(약 4g)
달걀전란 ········ 110g
설탕 ··············· 70g
박력분 ············ 70g
전처리한 무화과
··················· 55g

라벤더 시럽

물 ················ 100g
라벤더 티백 ···· 2개
설탕 ············· 50g

라벤더 아이싱

물 ················ 25g
라벤더 티백 ···· 1개
슈거파우더 ····· 100g

기타

무화과 ········· 적당량
식용금박 ······· 적당량

[준비 사항]

• 버터는 전자레인지에서 녹여 준비합니다.

• 끓인 물에 라벤더 티백 2개를 넣고 3분간 우려낸 후 설탕을 넣어 녹여 라벤더 시럽을 완성합니다.

• 183p의 방법으로 라벤더 아이싱을 완성합니다.

• 오븐은 굽는 온도보다 20℃ 높게 미리 예열해둡니다.

[틀&분량]

2호 원형 틀(지름 18cm) 1대

[보관법]

• 냉장 : 2일

• 생과가 들어가므로 냉동 보관하지 않습니다.

1. 건조무화과를 적당한 크기로 자른 후 라벤더 티백 1개와 함께 뜨거운 물에 담가 10분 정도 불려줍니다.

2. 불린 건조무화과는 물기를 제거한 후 소량의 박력분을 골고루 묻혀 준비합니다.

Point 무화과처럼 무거운 재료는 박력분을 묻힌 후 반죽과 섞으면 아래로 가라앉는 것을 어느 정도 막을 수 있습니다. 혹은 무화과를 더 작게 잘라 넣어도 좋습니다.

3. 우유를 따뜻한 정도로 데워 라벤더 티백 2개 또는 라벤더 잎(4g)을 넣고 10분간 진하게 우려냅니다.

4. 녹인 버터에 **3**을 체로 거른 후 섞어 따뜻하게 유지합니다.

5. 달걀전란은 가볍게 풀어준 후 설탕을 넣어줍니다.

6. 뜨거운 물을 담은 냄비 위에 **5**를 올려 설탕을 녹이고 달걀전란이 40~45℃ 정도가 될 때까지 휘핑합니다.

7. 다시 냄비에서 내려 미색의 단단한 거품이 될 때까지 고속으로 휘핑합니다.

8. 체 친 박력분을 넣고 바닥부터 끌어올리듯 주걱으로 섞어줍니다.

9. 따뜻하게 유지한 4를 반죽에 조금씩 흘려 부으며 떠올리듯 섞어줍니다.

10. 볼 벽 부분에 남아 있는 재료가 없도록 주걱으로 정리해줍니다.

11. 2를 넣고 가볍게 섞어줍니다.

12. 틀 안쪽에 버터와 강력분을 섞어 칠해줍니다.

Point 반죽을 담기 전 준비하는 것이 좋습니다.

13. 반죽을 붓고 바닥에 살짝 내리쳐 기포를 제거한 후 185℃로 예열한 오븐에 넣고 165℃에서 25분간 구워줍니다.

14. 구워진 파운드케이크는 틀에서 꺼내 온기가 남아 있을 때 준비한 라벤더 시럽을 발라줍니다.

15. 케이크가 완전히 식으면 준비한 라벤더 아이싱을 부어줍니다.

16. 아이싱이 완전히 굳으면 무화과, 식용금박을 올려 장식합니다.

레몬바질 파운드케이크

바질의 싱그러운 향이 매력적인 케이크예요.
상큼한 레몬 아이싱의 첫맛과 달콤하고 부드러운 바질 가나슈의 끝맛이 조화롭게 어우러져요.
봉이 있는 튜브틀을 활용하면 봉 부분에 다양한 색감의 크림이나 잼, 가나슈를 채워
재미있는 단면의 파운드케이크를 완성할 수 있어요.

건조 레몬 / 바질잎 / 레몬&바질 반죽 / 바질 가나슈 / 레몬 아이싱

[재료]

레몬&바질 반죽

버터	95g
사워크림	70g
레몬제스트	10g
레몬즙	20g
달걀전란	165g
설탕	140g
박력분	140g
아몬드가루	40g
베이킹파우더	3g
바질파우더	4g

기타

건조레몬	적당량
바질잎	적당량

바질 가나슈

생크림	60g
물엿	6g
건조 바질	10g
화이트초콜릿	70g
버터	20g

레몬 아이싱

분당	200g
레몬즙	40g
레몬제스트	3g

[준비 사항]

- 바질 가나슈에 사용할 버터는 포마드 상태로 준비합니다.
- 184p의 방법으로 레몬 아이싱을 완성합니다.
- 오븐은 굽는 온도보다 20℃ 높게 미리 예열해둡니다.

[틀&분량]

20×8×8cm 튜브틀 1대

[보관법]

- 냉장 : 5일
- 냉동 : 2주

1. 따뜻한 정도로 데운 생크림에 건조 바질을 다져 넣고 20분 정도 우려내줍니다.

2. 물엿을 넣고 섞은 뒤 다시 70~80℃ 정도로 데워줍니다.

3. 화이트초콜릿을 전자레인지에서 따뜻한 정도로 데운 후 2와 함께 혼합합니다.

4. 포마드 상태의 버터를 넣고 섞어줍니다.

5. 습기가 차지 않도록 표면을 랩으로 밀착시킨 후 식혀 사용합니다.

6. 버터, 사워크림, 레몬제스트, 레몬즙은 함께 볼에 담아 전 자레인지에서 따뜻하게 녹여줍니다.

Point 반죽에 들어갈 때까지 따뜻한 상태로 유지합니다.

7. 볼에 달걀전란을 넣고 휘퍼로 가볍게 풀어준 후 설탕을 넣고 섞어줍니다.

8. 뜨거운 물을 담은 냄비 위에 올려 중탕으로 설탕을 녹이고 달걀전란의 온도를 45℃ 정도로 높여줍니다.

9. 다시 바닥에 내려 밝은 미색이 될 때까지 고속으로 휘핑합니다.

10. 체 친 박력분, 베이킹파우더, 아몬드가루, 바질파우더를 넣고 볼 밑에서부터 떠올리듯 재빠르게 섞어줍니다.

11. 6을 한 번에 넣고 떠올리듯 재빠르게 섞어줍니다.

12. 사용할 튜브틀에 버터를 얇게 칠해줍니다.

Point 튜브틀 가운데 봉 부분에도 버터를 칠해야 구워져 나온 후 분리하기 쉽습니다. 반죽 전 미리 준비해둡니다.

13. 반죽을 담고 윗면을 평평하게 정리합니다.

14. 틀을 바닥에 살짝 쳐 기포를 제거한 후 180℃로 예열한 오븐에 넣고 160℃에서 35분간 구워줍니다.

15. 구워져 나온 파운드케이크는 한 김 식힌 후 온기가 남아 있을 때 틀에서 분리해 식힘망 위에서 식혀줍니다.

Point 봉 부분을 한 방향으로 돌려가며 빼준 후 파운드케이크를 틀에서 분리합니다.

16. 직사각형 모양으로 완성하기 위해 볼록한 부분을 정리해 줍니다.

17. 가운데 구멍으로 가나슈를 넣을 예정이므로 아래쪽 구멍으로 흐르지 않게 랩으로 싸 구멍을 막아줍니다.

18. 짤주머니를 이용해 식혀둔 바질 가나슈를 파운드케이크 구멍에 넣어줍니다.

<u>Point</u> 가나슈가 케이크 아랫부분까지 내려가도록 중간 중간 기다려 가면서 끝까지 채워준 후 냉동실에서 가나슈가 굳을 때까지 굳혀줍니다.

19. 준비한 레몬 아이싱을 부어줍니다.

<u>Point</u> 아이싱이나 글레이즈를 부을 때는 케이크 가장자리까지 고르 게 묻을 수 있도록 중간 중간 확인하면서 작업합니다.

20. 아이싱이 굳기 전 건조레몬, 바질잎으로 장식한 후 굳혀줍니다.

Class 04.

머랭으로 만드는
파운드케이크

'Class 01'에서 설명한 슈거배터법(별립법)으로 완성하는 파운드케이크를 응용한 레시피를 알려드릴게
요. 달걀전란에서 달걀흰자를 따로 분리해 머랭을 만들어 반죽에 넣는 방법이므로 공립법에 비해 완성된
케이크의 부피와 기공이 커 가볍고 폭신한 식감으로 완성할 수 있어요.

애플캐러멜 파운드케이크

타탕을 연상시키는 사과조림이 포인트인 케이크예요. 사과조림과 캐러멜 등 비교적 공정이 긴 레시피이지만
한번 맛본 사람은 이 맛이 계속 생각나 다시 찾을 만큼 호불호 없이 누구나 맛있어 할 만한 디저트랍니다.
추운 겨울 따뜻한 아메리카노와도 참 잘 어울려요.

캐러멜 소스

사과 조림

캐러멜 반죽

시나몬 크럼블

[재료]

캐러멜(반죽용)

| 설탕 | ············· | 80g |
| 생크림 | ········· | 80g |

캐러멜 반죽

버터	·············	108g
슈거파우더	······	80g
아몬드가루	······	108g
달걀노른자	······	40g
달걀전란	········	20g
캐러멜	·········	96g
박력분	···········	54g
베이킹파우더	···	3g
달걀흰자	········	60g
설탕	·············	20g

캐러멜 소스

| 설탕 | ············· | 100g |

사과 조림

사과	··········	300g
설탕	············	100g
레몬즙	·········	5g
바닐라빈	·······	1개

시나몬 크럼블

버터	·············	40g
설탕	·············	30g
박력분	···········	50g
시나몬가루	·····	2g
아몬드가루	·····	30g

기타

| 설탕 | ············· | 100g |
| 펙틴 | ············· | 3g |

[준비 사항]

· 버터는 포마드 상태로 준비합니다.

· 달걀전란, 달걀노른자는 상온에 두어 차갑지 않은 상
  태로 준비합니다.

· 머랭을 만들 달걀흰자는 냉장고에 두어 차가운 상태
  로 준비합니다.

· 177p의 방법으로 시나몬 크럼블을 완성합니다.

· 오븐은 굽는 온도보다 20℃ 높게 미리 예열해둡니다.

[틀&분량]

15cm 오란다틀 2대

[보관법]

· 냉장 : 5일

· 냉동 : 2주

1. 냄비에 설탕을 넣고 설탕의 가장자리가 끓어오를 때까지 기다립니다.

2. 주걱으로 조금씩 저어가며 사진처럼 진한 캐러멜 색이 될 때까지 끓여줍니다.

3. 버터 칠을 한 틀에 **2**를 부어줍니다.

Point 틀 바닥에 캐러멜 소스가 골고루 묻을 정도로만 부어줍니다.

4. 틀을 사방으로 기울여가며 캐러멜 소스가 틀 가장자리까지 골고루 묻도록 합니다.

Point 캐러멜 소스 위에 넣어줄 사과조림에 캐러멜의 풍미를 더하고 사과조림을 윤기 나게 코팅해주기 위한 과정입니다.

5. 생크림은 따뜻한 정도로 데워 준비합니다.

Point 냉장고에서 바로 꺼낸 차가운 상태의 생크림을 뜨거운 상태의 캐러멜에 넣을 경우 끓어 넘칠 수 있습니다.

6. 냄비에 설탕을 넣고 가열하다가 갈색빛이 나면 생크림을 조금씩 나눠 넣으면서 잘 섞어줍니다.

Point 이때 생기는 증기가 매우 뜨거우니 주의합니다.

7. 1분 정도 더 끓여 사진과 같은 색으로 걸쭉하게 완성되면 불에서 내려 식혀줍니다.

8. 냄비에 사과, 설탕, 레몬즙, 바닐라빈을 모두 넣고 설탕이 녹도록 실온에 10분 정도 둡니다.

9. 설탕이 녹으면 불에 올려 주걱으로 저으면서 끓여줍니다.

10. 냄비에 여분의 수분이 없어지고 사과가 투명해지면 불에서 내려 식혀줍니다.

11. 4에 사과를 촘촘하게 한겹으로 깔아줍니다.

12. 설탕과 펙틴을 잘 섞어 틀 2대에 절반씩 뿌려줍니다.

Point 사과 조림을 덮는다는 느낌으로 골고루 뿌려주면 사과의 식감
이 더 쫀득해집니다.

13. 포마드 상태의 버터를 고속으로 가볍게 풀어줍니다.

14. 슈거파우더를 넣고 저속으로 매끈하게 섞이도록 휘핑합
니다.

15. 아몬드가루를 넣고 휘핑합니다.

16. 상온에 꺼내둔 달걀노른자와 달걀전란을 3번에 나누어
넣으며 휘핑합니다.

17. 주걱으로 볼 벽면을 정리해줍니다.

18. 만들어둔 캐러멜 96g을 넣고 휘핑합니다.

19. 차가운 상태의 달걀흰자를 휘퍼로 가볍게 풀어줍니다.

20. 설탕을 2~3번 나누어 넣으며 휘핑합니다.

21. 머랭 끝이 새의 부리처럼 가볍게 휘는 정도(90%로 올라온 머랭)가 되면 마무리합니다.

22. 18에 완성된 머랭을 절반 정도 넣은 후 볼 밑바닥부터 떠올리듯 가볍게 섞어줍니다.

23. 체 친 박력분과 베이킹파우더를 넣고 섞어줍니다.

24. 남은 머랭을 전부 넣고 볼 밑에서부터 떠올리듯 가볍게 섞어 반죽을 마무리합니다.

25. 사과조림을 깐 틀에 반죽을 담고 주걱으로 반죽 윗면을 평평하게 정리해줍니다.

26. 반죽 위에 준비한 시나몬 크럼블을 올린 후 손으로 가볍게 눌러 고정시켜 185℃로 예열한 오븐에 넣고 165℃에서 25~30분간 구워줍니다.

Point 오븐에서 구워 틀 째로 식힌 후 토치로 틀 아랫부분을 달궈 뒤집으면 깔끔하게 분리됩니다.

밤말차 파운드케이크

앙증맞은 모양과 맛으로 신메뉴로 올리자마자 카페장쌤 베스트 디저트로 등극한 케이크예요.
귀여운 모양은 물론 큼직한 통밤 한 알이 그대로 들어가 밤 풍미를 그대로 느낄 수 있어요.
말차의 쌉싸래한 맛과도 참 잘 어울린답니다.

말차 글레이즈

통밤 ─── 밤&말차 반죽

[재료]

밤&말차 반죽

버터	54g
밤페이스트	20g
슈거파우더	27g
아몬드가루	54g
달걀노른자	20g
달걀전란	10g
우유	15g
박력분	27g
말차가루	5g
베이킹파우더	1.4g
달걀흰자	30g
설탕	10g
통밤	6알

시럽

설탕	30g
물	60g
다크럼	8g

말차 글레이즈

화이트초콜릿	300g
제주말차	5g
포도씨유	20g
카카오버터	40g

[준비 사항]

• 버터는 포마드 상태로 준비합니다.

• 달걀전란, 달걀노른자, 우유는 상온에 두어 차갑지 않은 상태로 준비합니다.

• 머랭을 만들 달걀흰자는 냉장고에 두어 차가운 상태로 준비합니다.

• 설탕과 물을 끓여 설탕이 녹으면 불에서 내려 한 김 식힌 후 다크럼을 넣어 시럽을 완성합니다.

• 179p의 방법으로 말차 글레이즈를 완성합니다.

• 오븐은 굽는 온도보다 20℃ 높게 미리 예열해둡니다.

[틀&분량]   밤 모양 틀 6구 1대

[보관법]
• 냉장 : 5일
• 냉동 : 2주

1. 포마드 상태의 버터와 밤페이스트를 뭉친 덩어리가 없도록 고속으로 풀어줍니다.

2. 슈거파우더를 넣고 매끈하게 섞이도록 저속으로 휘핑합니다.

3. 아몬드가루를 넣고 휘핑합니다.

4. 상온에 꺼내둔 달걀노른자와 달걀전란을 3번에 나누어 넣으면서 휘핑합니다.

5. 우유를 넣고 휘핑합니다.

6. 전체적으로 매끈해질 때까지 휘핑합니다.

7. 차가운 상태의 달걀흰자를 중속으로 가볍게 풀어줍니다.

8. 설탕을 2~3번 나누어 넣으며 휘핑합니다.

9. 머랭 끝이 새의 부리처럼 가볍게 휘는 정도(90%로 올라온 머랭)가 되면 마무리합니다.

10. 6의 반죽에 완성된 머랭 절반을 넣고 볼 밑바닥부터 떠올리듯 가볍게 섞어줍니다.

11. 체 친 박력분, 베이킹파우더, 말차가루를 넣고 날가루가 남지 않도록 주걱으로 잘 섞어줍니다.

12. 남은 머랭을 모두 넣고 떠올리듯 섞어줍니다.

13. 완성된 반죽입니다.

14. 원형 깍지를 끼운 짤주머니에 반죽을 담아 밤 모양 틀에 파이핑합니다.

Point 틀 안쪽에 실리콘 코팅이 된 경우 버터를 칠하지 않아도 됩니다.

15. 반죽 가운데에 통밤을 올리고 살짝 눌러 고정시켜줍니다.

16. 통밤이 덮일 정도로만 반죽을 파이핑해 185℃로 예열한 오븐에 넣고 165℃에서 18분간 구워줍니다.

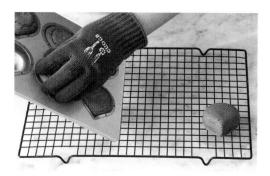

17. 케이크가 구워져 나오면 틀에서 바로 빼내 식힘망 위에 올려줍니다.

18. 온기가 남아 있을 때 준비한 시럽을 전체적으로 발라줍니다.

19. 준비한 말차 글레이즈를 입힌 후 굳혀줍니다.

피스타치오체리 파운드케이크

사랑스러운 핑크빛의 체리 글레이즈를 케이크 위에 반만 입히고
꼭지체리로 포인트를 준 맛도 모양도 귀여운 케이크예요.
피스타치오 반죽에 체리콩포트를 더해 체리의 풍미와 식감을 풍부하게 느낄 수 있어요.

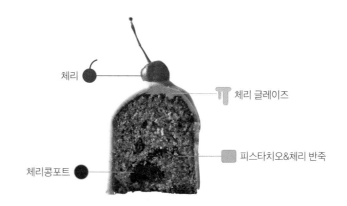

체리

체리 글레이즈

피스타치오&체리 반죽

체리콩포트

[재료]

체리콩포트

씨 뺀 체리	⋯⋯	100g
물	⋯⋯⋯⋯	20g
설탕A	⋯⋯⋯	20g
설탕B	⋯⋯⋯	15g
펙틴	⋯⋯⋯⋯	5g
체리리큐어	⋯⋯	10g

체리 글레이즈

화이트초콜릿		
⋯⋯⋯⋯⋯		300g
포도씨유	⋯⋯	20g
카카오버터	⋯	40g
체리퓌레	⋯⋯	30g

피스타치오&체리 반죽

버터	⋯⋯⋯⋯	80g
피스타치오페이스트		
⋯⋯⋯⋯⋯		30g
슈거파우더	⋯⋯	60g
아몬드가루	⋯⋯	80g
달걀노른자	⋯⋯	30g
달걀전란	⋯⋯	15g
박력분	⋯⋯⋯	55g
베이킹파우더	⋯	2g
달걀흰자	⋯⋯	45g
설탕	⋯⋯⋯⋯	15g
체리콩포트	⋯⋯	50g

기타

꼭지체리	⋯⋯	적당량
피스타치오분태		
⋯⋯⋯⋯⋯		적당량

[준비 사항]

· 버터는 포마드 상태로 준비합니다.

· 달걀전란, 달걀노른자는 상온에 두어 차갑지 않은 상
  태로 준비합니다.

· 머랭을 만들 달걀흰자는 냉장고에 두어 차가운 상태로
  준비합니다.

· 반을 갈라 씨를 뺀 체리를 물, 설탕A와 버무려 30분간
  방치해 설탕이 녹으면 불에서 바글바글 끓여 설탕B와
  펙틴을 넣고 잘 섞어 걸쭉해지면 불을 끄고 식힌 뒤 체
  리리큐어(키르쉬)를 넣어 체리콩포트를 완성합니다.

· 181p의 방법으로 체리 글레이즈를 완성합니다.

· 오븐은 굽는 온도보다 20℃ 높게 미리 예열해둡니다.

[틀&분량]   실리코마트 정사각 몰드 8구 1대

[보관법]
· 실온 : 3일
· 냉장 : 5일
· 냉동 : 2주

1. 포마드 상태의 버터, 피스타치오페이스트를 고속으로 가볍게 풀어줍니다.

2. 슈거파우더를 넣고 저속으로 매끈하게 섞이도록 휘핑합니다.

3. 날가루가 남지 않도록 주걱으로 볼 벽면을 정리합니다.

4. 아몬드가루를 넣고 휘핑합니다.

5. 상온에 꺼내둔 달걀노른자와 달걀전란을 3번에 나누어 넣으면서 휘핑합니다.

6. 체리콩포트를 넣고 가볍게 섞어줍니다.

Point 체리콩포트를 사용할 때는 체에 걸러 수분을 제거해 체리 과육만 사용합니다. 건조체리를 뜨거운 물에 불린 후 물기를 제거해 사용해도 좋습니다.

7. 차가운 상태의 달걀흰자를 중속으로 가볍게 풀어줍니다.

8. 설탕을 2~3번 나누어 넣으며 휘핑합니다.

9. 머랭 끝이 새의 부리처럼 가볍게 휘는 정도(90%로 올라온 머랭)가 되면 마무리합니다.

10. 6의 반죽에 완성된 머랭 절반을 넣고 볼 밑바닥부터 떠올리듯 가볍게 섞어줍니다.

11. 체 친 박력분, 베이킹파우더를 넣고 섞어줍니다.

12. 날가루가 남지 않도록 볼 벽면을 정리해줍니다.

13. 남은 머랭을 모두 넣고 떠올리듯 섞어줍니다.

14. 완성된 반죽입니다.

How to 마무리

15. 지름 1cm 원형 깍지를 끼운 짤주머니로 몰드에 반죽을 파이핑합니다.

Point 몰드 높이의 80% 정도로 반죽을 파이핑합니다.

16. 몰드를 바닥에 살짝 쳐 표면을 정리한 후 185℃로 예열한 오븐에 넣고 165℃에서 25분간 구워줍니다.

17. 구워져 나온 파운드케이크는 몰드에서 빼내 한 김 식혀줍니다.

18. 파운드케이크가 완전히 식으면 준비한 체리 글레이즈를 절반 정도만 덮이게 부어줍니다.

19. 글레이즈가 굳기 전에 꼭지체리, 피스타치오분태를 올려 완성합니다.

오레오까망베르 파운드케이크

우유와 함께 먹으면 찰떡궁합인 케이크예요. 아이들 간식용으로도 참 좋답니다.
오레오의 맛과 까망베르치즈의 궁합도 참 잘 어울려요.
까망베르치즈의 양은 취향에 맞게 가감할 수 있어요.

오레오 조각

오레오&까망베르 반죽

[재료]	**오레오&까망베르 반죽**		**기타**
	버터 …………… 130g	박력분 ………… 110g	오레오 조각 …… 90g
	크림치즈 ………… 110g	베이킹파우더 …… 4g	
	슈거파우더 ……… 100g	오레오분말 ……… 95g	
	아몬드가루 ……… 160g	달걀흰자 ………… 90g	
	달걀노른자 ……… 60g	설탕 …………… 30g	
	달걀전란 ………… 30g	까망베르치즈 …… 적당량	
	사워크림 ………… 65g		

[준비 사항]

- 버터는 포마드 상태로 준비합니다.
- 달걀전란, 달걀노른자, 사워크림, 크림치즈는 상온에 두어 차갑지 않은 상태로 준비합니다.
- 머랭을 만들 달걀흰자는 냉장고에 두어 차가운 상태로 준비합니다.
- 까망베르치즈는 사방 2~3cm 정도로 잘라줍니다.
- 오븐은 굽는 온도보다 20℃ 높게 미리 예열해둡니다.

[틀&분량]

15cm 오란다틀 2대

[보관법]

- 실온 : 3일
- 냉동 : 2주

1. 포마드 상태의 버터, 크림치즈를 고속으로 가볍게 풀어줍니다.

2. 슈거파우더를 넣고 저속으로 매끈하게 섞이도록 휘핑합니다.

3. 볼 벽면에 재료가 남아 있지 않도록 주걱으로 정리합니다.

4. 아몬드가루를 넣고 섞어줍니다.

5. 상온에 꺼내둔 달걀노른자, 달걀전란을 3번에 나누어 넣으면서 휘핑합니다.

6. 사워크림을 넣고 섞어줍니다.

7. 체 친 박력분, 베이킹파우더와 오레오분말을 넣고 섞어줍니다.

8. 날가루가 남지 않도록 주걱으로 섞으면서 볼 벽면도 함께 정리합니다.

9. 차가운 상태의 달걀흰자를 중속으로 가볍게 풀어줍니다.

10. 설탕을 2~3번 나누어 넣으며 휘핑합니다.

11. 머랭 끝이 새의 부리처럼 가볍게 휘는 정도(90%로 올라온 머랭)가 되면 마무리합니다.

12. 8의 반죽에 완성된 머랭을 절반 정도 넣은 후 볼 밑바닥 부터 떠올리듯 가볍게 섞어줍니다.

13. 나머지 머랭을 넣고 떠올리듯 섞어줍니다.

14. 까망베르치즈를 넣고 가볍게 섞어 반죽을 완성합니다.

15. 유산지를 깐 틀에 반죽을 약 450g씩 넣고 양쪽으로 끌어 올리듯 정리합니다.

16. 오레오 조각을 군데군데 올린 후 185℃로 예열한 오븐에 넣고 165℃에서 35분간 구워줍니다.

Class 05.

오일로 만드는 파운드케이크

버터 대신 오일을 넣어 완성하는 파운드케이크 레시피를 알려드릴게요. 오일은 버터와 달리 차가운 상태
에서도 굳지 않기 때문에 더욱 더 부드럽고 촉촉한 식감으로 완성할 수 있어요. 콩기름, 포도씨유, 카놀라
유 등 시중 구하기 쉬운 대부분의 오일을 사용할 수 있지만 올리브유는 특유의 향이 케이크에 남기 때문에
사용에 주의하는 것이 좋아요

당근크림치즈 파운드케이크

장쌤 가을파운드 레시피 중 하나인 케이크예요.
당근과 크림치즈의 조합은 디저트에서 뗄래야 뗄 수 없을 정도로 참 잘 어울리는 조합이죠.
여기에서는 당근과 함께 코코넛채, 다진 피칸을 넣어 맛과 식감을 더 풍부하게 끌어올렸어요.

크림치즈

당근 반죽

[재료]

당근 반죽

포도씨유	120g
달걀전란	130g
흑설탕	110g
사워크림	100g
박력분	155g
베이킹파우더	3g

시나몬파우더	1g
소금	1g
갈아놓은 당근	120g
코코넛채	50g
다진 피칸	60g

크림치즈

크림치즈	200g
설탕	30g
생크림	10g

[준비 사항]

· 당근은 강판에 갈아줍니다.
· 피칸은 165℃에서 10분 정도 구운 뒤 다져둡니다.
· 크림치즈는 실온에 두어 부드러운 상태로 준비합니다.
· 오븐은 굽는 온도보다 20℃ 높게 미리 예열해둡니다.

[틀&분량]

15cm 오란다틀 2대

[보관법]

· 냉장 : 3일
· 냉동 : 2주

1. 실온에 꺼내둔 크림치즈를 부드럽게 풀어줍니다.

2. 설탕을 넣고 섞어줍니다.

3. 생크림을 넣고 섞어줍니다.

4. 볼 벽면을 정리해 마무리합니다.

5. 볼에 달걀전란, 흑설탕을 넣고 멍울이 풀리도록 고속으로 가볍게 풀어줍니다.

6. 뜨거운 물을 담은 냄비 위에 올려 휘핑하면서 중탕으로 설탕을 녹여줍니다.

Point 내용물의 온도가 40~45℃ 정도로 올라갈 때까지 휘핑합니다.

7. 다시 바닥에 내려 뽀얗고 단단한 거품이 될 때까지 고속으로 휘핑합니다.

8. 휘퍼를 들어 올렸을 때 떨어진 반죽의 리본 모양이 유지될 때까지 휘핑합니다.

9. 포도씨유를 조금씩 흘려부으면서 휘핑합니다.

10. 사워크림을 넣고 섞어줍니다.

11. 체 친 박력분, 베이킹파우더, 시나몬파우더, 소금을 넣고 볼 밑바닥부터 떠올리듯 섞어줍니다.

12. 갈아둔 당근, 다진 피칸, 코코넛채를 넣고 떠올리듯 가볍게 섞어줍니다.

13. 너무 오래 섞으면 거품이 죽어 반죽의 볼륨이 사그라들
수 있으니 가볍게 섞어 마무리합니다.

14. 유산지를 깐 틀에 반죽을 약 420g씩 부어준 후 바닥에
살짝 쳐 기포를 제거해 180℃로 예열한 오븐에 넣고 160℃에
서 30분간 구워 식힘망 위에 빼내 식혀줍니다.

15. 파운드케이크 위에 만들어둔 크림치즈를 한 주걱씩 올려
줍니다.

Point 크림치즈의 양은 취향에 따라 조절할 수 있습니다.

16. 스패출러를 이용해 크림치즈를 한 방향으로 쓸어주듯 정
리해 마무리합니다.

흑임자 파운드케이크

디저트를 좋아하지 않는 어르신들에게도 추천할 수 있는 고소한 케이크예요.

반죽 중간 중간에 콕콕 박힌 콩 크럼블이 흑임자와는 또 다른 고소함을 선사해요.

자칫 밋밋할 수 있는 글레이즈 위에 깨 튀일을 얹으면 맛도 모양도 우아한 디저트로 완성된답니다.

깨 튀일
콩가루 글레이즈
흑임자 가나슈
흑임자&콩 크럼블 반죽

[재료]

흑임자 반죽

콩기름	96g
흑임자페이스트	64g
슈거파우더	120g
달걀전란	96g
박력분	104g
베이킹파우더	2.4g
흑임자가루	40g
생크림	36g

콩 크럼블

설탕	30g
버터	40g
박력분	30g
강력분	20g
볶은 콩가루	30g
아몬드가루	30g

흑임자 가나슈

생크림	160g
화이트초콜릿	240g
흑임자가루	60g
오렌지리큐어	10g
버터	50g

콩가루 글레이즈

화이트초콜릿	300g
볶은 콩가루	30g
포도씨유	20g
카카오버터	40g

기타

깨 튀일	적당량

[준비 사항]

- 달걀전란, 생크림은 상온에 두어 차갑지 않은 상태로 준비합니다.
- 176p의 방법으로 콩 크럼블을 완성합니다.
- 182p의 방법으로 콩가루 글레이즈를 완성합니다.
- 190p의 방법으로 깨 튀일을 완성합니다.
- 오븐은 굽는 온도보다 20℃ 높게 미리 예열해둡니다.

[틀&분량]

15cm 오란다틀 2대

[보관법]

- 실온 : 3일
- 냉장 : 5일
- 냉동 : 2주

1. 화이트초콜릿은 중탕으로 녹이고 생크림은 따뜻한 상태로 데워 바믹서를 이용해 섞어줍니다.

2. 포마드 상태의 버터, 오렌지리큐어(쿠앵트로)를 넣고 혼합 합니다.

3. 흑임자가루를 넣고 섞어줍니다.

4. 완성된 흑임자 가나슈는 짤주머니에 넣어 파이핑할 수 있 는 농도로 식혀 준비합니다.

5. 볼에 콩기름, 흑임자페이스트를 넣고 가볍게 섞어줍니다.

6. 슈거파우더를 두 번에 나눠 넣으면서 가볍게 휘핑합니다.

7. 상온에 꺼내둔 달걀전란을 2~3번 나누어 넣으면서 휘핑합니다.

8. 볼 벽면에 재료가 남아 있지 않도록 주걱으로 정리합니다.

9. 체 친 박력분, 베이킹파우더, 흑임자가루를 넣고 볼 밑바닥부터 떠올리듯 주걱으로 섞어줍니다.

10. 생크림을 넣고 매끄럽게 섞어줍니다.

11. 준비한 콩 크럼블을 넣고 가볍게 섞어줍니다.

12. 유산지를 깐 틀에 반죽을 절반씩 부어준 후 바닥에 살짝 쳐 기포를 제거해 185℃로 예열한 오븐에 넣고 165℃에서 30분간 구워 식힘망 위에서 식혀줍니다.

13. 충분히 식힌 파운드케이크 위에 만들어둔 흑임자 가나슈를 한 주걱씩 올려줍니다.

14. 스패출러를 이용해 가나슈를 한 방향으로 쓸어주듯 가볍게 정리합니다.

15. 케이크 띠지를 살짝 구부려 가나슈를 감싸듯 쓸어주어 돔 모양으로 깔끔하게 정리한 후 냉동실에서 20분간 굳혀줍니다.

16. 준비한 콩가루 글레이즈를 파운드케이크 위에 부어줍니다.

17. 완성된 파운드케이크는 단단하게 굳혀 마무리합니다.

Point 190p의 방법으로 만든 깨 튀일을 올려 완성해도 좋습니다.

올리브콘 파운드케이크

짭조름한 파마산치즈와 달콤한 꿀이 만나 맛이 없을래야 없을 수 없는 단짠단짠 케이크예요.
아끼지 않고 듬뿍 넣은 반죽 속 감자와 블랙올리브, 옥수수가
한 끼 식사 대용으로도 충분히 든든하답니다.

파마산치즈&파슬리 가루

감자&올리브&옥수수 반죽

[재료]

감자&올리브&옥수수 반죽

올리브유	96g	베이킹파우더	3g
달걀전란	104g	블랙올리브	70g
흑설탕	88g	통조림 옥수수	70g
사워크림	80g	삶은 감자	90g
박력분	124g		

기타

꿀	적당량
파마산치즈가루	적당량
파슬리 가루	적당량

[준비 사항]

- 블랙올리브는 슬라이스한 후 물기를 빼줍니다.
- 통조림 옥수수는 물기를 빼줍니다.
- 감자는 삶은 후 적당한 크기로 썰어줍니다.
- 오븐은 굽는 온도보다 20℃ 높게 미리 예열해둡니다.

[틀&분량]

15cm 오란다틀 2대

[보관법]

- 냉장 : 3일
- 냉동 : 2주

1. 달걀전란, 흑설탕을 멍울이 생기지 않도록 거품기로 가볍게 풀어줍니다.

2. 뜨거운 물을 담은 냄비에 올려 중탕으로 흑설탕을 녹여줍니다.

Point 내용물의 온도가 40~45℃ 정도로 올라갈 때까지 휘핑합니다.

3. 다시 냄비에서 내려 뽀얗고 단단한 거품이 될 때까지 고속으로 휘핑합니다.

4. 휘퍼를 들어 올렸을 때 떨어진 반죽의 리본 모양이 유지될 때까지 휘핑합니다.

5. 올리브유를 조금씩 흘려 부으면서 휘핑합니다.

6. 사워크림을 넣고 휘핑합니다.

7. 체 친 박력분, 베이킹파우더를 넣고 주걱으로 볼 밑바닥부터 끌어올리듯 섞어줍니다.

8. 날가루가 없도록 볼 벽면을 정리해줍니다.

9. 새 볼에 **8**의 반죽을 한 주걱 정도만 덜어 삶은 감자, 물기를 뺀 블랙올리브와 통조림 옥수수를 넣고 떠올리듯 가볍게 섞어줍니다.

$\overline{Point}$ 물기가 남아 있을 수 있는 재료들을 한꺼번에 넣어버리면 반죽이 삭을 수 있습니다.

10. **8**에 **9**를 넣고 가볍게 섞어줍니다.

$\overline{Point}$ 너무 오래 섞으면 거품이 죽어 떡진 식감이 될 수 있으니 주의합니다.

11. 유산지를 깐 틀에 반죽을 절반씩 담고 양쪽으로 끌어올리듯 정리한 후 바닥에 살짝 쳐 기포를 제거해 180℃로 예열한 오븐에 넣고 160℃에서 30분간 구워줍니다.

12. 구워져 나온 파운드케이크는 바닥에 몇 번 쳐 뜨거운 증기를 뺀 후 틀에서 빼 식혀줍니다.

13. 파운드케이크에 온기가 남아 있을 때 파운드케이크 윗면에 꿀을 발라줍니다.

14. 꿀 위에 파마산치즈가루를 듬뿍 뿌려줍니다.

15. 파슬리가루를 뿌려 완성합니다.

Class 06.

특별한 날의
파운드케이크

크리스마스나 기념일에 어울리는 파운드케이크를 소개할게요 다양한 몰드나 틀을 사용하거나 완성된 케이크에 포인트를 줄 수 있는 데커레이션을 하는 것만으로도 앞서 소개한 레시피를 충분히 응용할 수 있어요 여기에서는 특별한 날에 어울리는 더 특별한 레시피를 알려드릴게요.

부쉬드노엘 파운드케이크

통나무 모양의 크리스마스 전통 케이크인 부쉬 드 노엘Buche de Noel을
파운드케이크로 만들어보았어요. 되직하게 만든 초콜릿 가나슈를 쓱쓱 바르고
포크를 이용해 나뭇결 느낌을 주어 어렵지 않게 모양을 낼 수 있어요.
머랭 쿠키로 포인트를 주고 슈거파우더를 뿌리면 크리스마스 분위기를 더 살릴 수 있답니다.

머랭 쿠키

다크초콜릿 가나슈

초콜릿 반죽

[재료]

초콜릿 반죽

마지판	....	200g
달걀전란	....	150g
달걀노른자	......	60g
설탕	....	75g
꿀	....	20g
박력분	....	60g
코코아파우더	...	10g
버터	....	75g
다크초콜릿A	.....	45g
다크초콜릿B	....	40g

다크초콜릿 가나슈

생크림	....	150g
물엿	....	18g
다크초콜릿	.....	210g
버터	....	60g

머랭 쿠키

| 달걀흰자 | .... | 90g |
| 설탕 | .... | 90g |

기타

| 슈거파우더 | .... | 적당량 |

[준비 사항]

· 반죽에 넣을 버터와 다크초콜릿A는 전자레인지에서
  녹이고, 다크초콜릿B는 잘게 다져 준비합니다.

· 가나슈에 사용할 버터는 포마드 상태로 준비합니다.

· 머랭 쿠키는 188p의 방법으로 완성합니다.

· 오븐은 굽는 온도보다 20℃ 높게 미리 예열해둡니다.

[틀&분량]

15cm 오란다틀 2대

[보관법]

· 냉장 : 3일

· 냉동 : 2주

1. 중탕으로 녹인 다크초콜릿에 생크림과 물엿을 조금씩 부어줍니다.

Point 여기에서는 발로나 아라과니 초콜릿을 사용하였습니다.

2. 거품기로 작은 원을 그리듯 한 방향으로 섞어줍니다.

3. 바믹서를 이용해 매끈하게 섞어줍니다.

4. 가나슈의 온도가 40℃ 정도가 되면 포마드 상태의 버터를 넣고 혼합합니다.

5. 완성된 가나슈는 파운드케이크에 바를 수 있는 상태가 되면 사용합니다.

6. 마지판은 전자레인지에서 30초 정도 돌려 말랑말랑한 상태로 준비합니다.

7. 6에 달걀노른자를 조금씩 넣으면서 마지판 알갱이가 남지 않도록 잘 풀어줍니다.

8. 달걀전란, 설탕, 꿀을 한 번에 넣고 고속으로 휘핑을 시작합니다.

9. 반죽이 흰색에 가까운 미색으로 변하고 들어올렸을 때 떨어진 반죽 자국이 선명하게 남는 정도가 될 때까지 약 2분간 휘핑합니다.

10. 체 친 박력분, 코코아파우더를 넣고 가볍게 떠올리듯 주걱으로 섞어줍니다.

11. 날가루가 남지 않도록 주걱으로 볼 벽면을 정리해줍니다.

12. 전자레인지에 녹인 버터와 다크초콜릿A를 넣고 재빠르게 섞어줍니다.

13. 다진 다크초콜릿B를 넣고 가볍게 섞어줍니다.

14. 유산지를 깐 틀에 반죽을 절반씩 담고 윗면을 평평하게 정리한 후 바닥에 살짝 쳐 기포를 제거해 185℃로 예열한 오븐에 넣고 165℃에서 30분간 구워줍니다.

15. 구워져 나온 파운드케이크는 바닥에 몇 번 쳐 뜨거운 증기를 뺀 후 틀에서 빼 식혀줍니다.

16. 바닥을 제외한 모든 면에 만들어둔 다크초콜릿 가나슈를 발라줍니다.

Point 포크로 무늬를 낼 것이므로 깔끔하게 발리지 않아도 괜찮습니다.

17. 포크를 이용해 한 방향으로 가나슈를 쓸어주듯 나뭇결 무늬를 만들어줍니다.

Point 이 작업을 너무 오래하면 가나슈가 굳어 거친 느낌이 날 수 있으니 주의합니다.

18. 취향에 따라 머랭 쿠키를 올리거나 슈거파우더를 뿌려 완성합니다.

생과일 파운드케이크

과일 디저트를 좋아하는 분들을 위한 케이크예요.
기본 반죽과 커스터드 풍미의 진한 무슬린 크림을 조합한 이 케이크는 어떤 과일을 올려도 잘 어울려요.
여기에서 사용한 자몽이나 청포도 대신 좋아하는 과일이나 제철 과일로 대체할 수 있어요.

허브잎
제철 과일
무슬린 크림
기본 반죽

[재료]	기본 반죽		무슬린 크림		기타	
	버터	120g	달걀노른자	60g	코팅용 다크초콜릿	
	슈거파우더	85g	우유	200g		적당량
	달걀전란	50g	바닐라빈	1개	제철 생과일	적당량
	달걀노른자	70g	설탕	40g	허브잎	적당량
	아몬드가루	40g	박력분	10g		
	박력분	80g	옥수수전분	10g		
			버터	200g		

[준비 사항]
· 버터는 포마드 상태로 준비합니다.
· 바닐라빈은 껍질을 갈라 씨를 빼냅니다.
· 사용할 제철 과일은 깨끗이 씻어 껍질을 제거합니다.
· 오븐은 굽는 온도보다 20℃ 높게 미리 예열해둡니다.

[틀&분량]
지름 8cm, 높이 2cm 타르트 링 6개

[보관법]
· 냉장 : 3일
· 생과가 들어가므로 냉동 보관하지 않습니다.

1. 바닐라빈을 갈라 씨를 발라내어 껍질과 함께 우유에 넣고 냄비 가장자리가 살짝 끓어오를 때까지만 가열해줍니다.

2. 달걀노른자를 거품기로 가볍게 풀어줍니다.

3. 설탕을 넣고 섞어줍니다.

4. 체 친 박력분, 옥수수전분을 넣고 섞어줍니다.

5. 1을 넣고 섞어줍니다.

6. 5를 체에 걸러 다시 냄비에 넣고 끓여줍니다.

7. 크림이 전체적으로 힘이 생기면서 되직하게 익을 때까지 끓이고 불에서 내려줍니다.

8. 얼음볼에 받쳐 주걱으로 저어주면서 빠르게 식혀줍니다.

9. 크림을 평평하게 펴준 후 습기가 차지 않도록 표면을 랩으로 밀착시켜줍니다.

Point 여기에서 마무리하면 커스터드 크림으로 완성됩니다.

10. 포마드 상태의 버터를 부드럽게 휘핑한 후 **9**를 조금씩 나눠 넣으며 섞어줍니다.

11. 완성된 탄력 있는 무슬린 크림입니다.

12. 포마드 상태의 버터를 부드럽게 풀어줍니다.

13. 슈거파우더를 넣고 섞어줍니다.

14. 달걀노른자와 달걀전란을 2~3번 나누어 넣으면서 휘핑합니다.

15. 체 친 아몬드가루, 박력분을 넣고 주걱으로 가르듯 섞어줍니다.

16. 날가루가 없도록 볼 벽면을 주걱으로 정리해줍니다.

17. 타르트링을 감쌀 수 있을 정도의 크기로 호일을 잘라 링 아래에 깔고 타르트링 안쪽에 버터를 칠해줍니다.

18. 호일로 링을 감싸 반죽이 새어나가지 않도록 합니다.

Point 반죽을 더 높게 굽고 싶다면 테프론시트를 링보다 높게 잘라 링 안쪽에 두른 후 반죽을 담아 구워줍니다.

19. 원형 깍지를 끼운 짤주머니에 16의 반죽을 담아 가운데에서부터 둥글게 파이핑합니다.

20. 스크레이퍼를 이용해 윗면을 평평하게 만들어준 후 185℃로 예열한 오븐에 넣고 165℃에서 15분간 구운 후 식힘 망 위에 빼내 식혀줍니다.

21. 코팅용 다크초콜릿은 전자레인지에서 녹인 후 덩어리 없이 잘 저어줍니다.

22. 식힌 파운드케이크 밑면에 초콜릿을 코팅해줍니다.

23. 초콜릿을 코팅한 케이크는 테프론시트 위에 올려 초콜릿을 굳혀줍니다.

24. 케이크 윗면에 만들어둔 무슬린 크림을 봉긋하게 파이핑합니다.

25. 취향에 맞게 제철 과일을 둘러 장식합니다.

26. 과일이 떨어지지 않도록 크림 쪽으로 과일을 살짝 눌러가며 고정시켜줍니다.

27. 남은 무슬린 크림을 과일 위에 파이핑한 후 허브로 장식해도 좋습니다.

카시스몽블랑 파운드케이크

장쌤 가을파운드 클래스 메뉴 중 하나인 밤밤파운드케이크를 응용한 레시피예요.
달콤하고 부드러운 밤 크림에 새콤한 맛의 카시스 가나슈가 더해진 새콤달콤한 2층 크림이
맛도 모양도 2배로 업그레이드시켜주는 디저트랍니다.

보늬밤
카시스 가나슈
밤 크림
밤 반죽

[재료]

밤 반죽

버터	200g
설탕	150g
달걀전란	200g
박력분	130g
아몬드가루	60g
베이킹파우더	4g
보늬밤	80g
통 보늬밤	12개

카시스 가나슈

생크림	35g
카시스퓌레	50g
화이트초콜릿	140g
카시스리큐어	10g

밤 크림

밤페이스트	240g
럼	12g
버터	50g

시럽

설탕	25g
물	50g
럼	10g

기타

통 보늬밤	적당량
식용 금박	적당량

[준비 사항]

• 버터는 포마드 상태로 준비합니다.

• 반죽에 들어갈 보늬밤은 적당한 크기로 잘라줍니다.

• 냄비에 설탕과 물을 넣고 가열해 설탕이 모두 녹으면
  불을 끄고 식힌 후 럼을 넣어 시럽을 완성합니다.

• 오븐은 굽는 온도보다 20℃ 높게 미리 예열해둡니다.

[틀&분량]

15cm 오란다틀 2대

[보관법]

• 냉장 : 3일

• 냉동 : 2주

1. 화이트초콜릿은 전자레인지에서 녹인 후 덩어리 없이 잘
저어줍니다.

2. 생크림과 카시스퓌레를 따뜻할 정도로만 데워 1에 넣고 섞
어줍니다.

3. 카시스리큐어를 넣고 잘 섞어줍니다.

4. 완성된 카시스 가나슈는 습기가 차지 않도록 표면을 랩으
로 밀착시켜 식혀줍니다.

5. 볼에 밤페이스트, 럼, 포마드 상태의 버터를 넣고 덩어리가
없도록 손으로 가볍게 섞어줍니다.

6. 스크레이퍼로 밤 크림을 으깨듯 볼 벽면을 이용해 곱게 만
들어줍니다.

Point 밤이 덜 으깨져 덩어리가 있으면 깍지로 파이핑할 때 크림이
나오지 않거나 예쁘게 파이핑되지 않습니다.

7. 포마드 상태의 버터를 고속으로 가볍게 풀어줍니다.

8. 설탕을 두 번에 나누어 넣으면서 휘핑합니다.

9. 가볍게 풀어둔 달걀전란을 2~3번 나누어 넣으면서 휘핑합니다.

Point 반죽이 분리될 기미가 보이면 아몬드가루를 넣고 섞어줍니다.

10. 주걱으로 반죽을 정리해줍니다.

11. 체 친 박력분, 아몬드가루, 베이킹파우더를 넣고 주걱으로 끌어올리듯 섞어줍니다.

12. 잘라둔 보늬밤을 넣고 가볍게 섞어줍니다.

13. 짤주머니에 반죽을 담아 유산지를 깐 틀의 1/3 정도 파이핑합니다.

14. 통 보늬밤을 깔아줍니다.

15. 틀의 2/3 정도까지 다시 반죽을 파이핑합니다.

16. 주걱을 이용해 양쪽으로 끌어올리듯 정리한 후 바닥에 살짝 쳐 기포를 제거해 185℃로 예열한 오븐에 넣고 165℃에서 40분간 구워줍니다.

17. 케이크 위에 만들어둔 카시스 가나슈를 한 주걱씩 올려줍니다.

Point 크림의 양은 취향에 따라 조절할 수 있습니다.

18. 스패출러를 이용해 가나슈를 한 방향으로 쓸어주듯 정리합니다.

19. 냉동실에 20~30분 정도 두어 카시스 가나슈를 굳혀줍니다.

Point 냉동실에서 굳혀주어야 카시스 가나슈 위에 밤 크림을 짤 때 카시스 가나슈가 밀리지 않습니다.

20. 895번 깍지를 끼운 짤주머니에 만들어둔 밤 크림을 담아 카시스 가나슈 위에 한 줄 씩 파이핑합니다.

Point 두 줄 정도 파이핑해야 단면을 잘랐을 때 밤 크림이 보여 더 예쁘게 완성됩니다.

21. 완성된 파운드케이크는 냉동실에 20분 정도 두어 크림을 굳혀줍니다.

Point 취향에 따라 통밤과 식용금박을 올려 장식해도 좋습니다.

호두 파운드케이크

반죽과 크림, 데커레이션 모두에 견과류가 들어가 견과류의 고소함이 폭발하는 케이크예요.
작은 사이즈 실리콘 몰드로 완성해 미니 파운드케이크를 연상하게 해요.
케이크 위에 달콤 바삭하게 만든 캐러멜 호두를 비스듬하게 올려주면 귀여움을 더 극대화할 수 있어요.

헤이즐넛 크림 ◐   ⬢ 캐러멜 호두

                                ▣ 호두 반죽

[재료]

호두 반죽

버터	112g
설탕	105g
호두분말	30g
달걀전란	90g
생크림	36g
중력분	150g
베이킹파우더	4g

호두 시럽

설탕	50g
물	100g
호두리큐어	20g

헤이즐넛 크림

버터크림	200g
헤이즐넛 프랄리네	40g

캐러멜 호두

설탕	200g
물	60g
호두	200g

[준비 사항]

· 버터는 포마드 상태로 준비합니다.

· 헤이즐넛 크림에 사용할 버터크림은 60p 1~4번 과정과 동일하게 만들어 준비합니다.

· 냄비에 설탕과 물을 넣고 설탕이 녹을 때까지 끓인 후 불에서 내려 호두리큐어를 넣고 식혀 호두 시럽을 완성합니다.

· 생크림은 상온에 두어 미지근한 상태로 준비합니다.

· 186p의 방법으로 캐러멜 호두를 완성합니다.

· 오븐은 굽는 온도보다 20℃ 높게 미리 예열해둡니다.

[틀&분량]   실리코마트 SF026 몰드 1대

[보관법]   · 냉장 : 3일
           · 냉동 : 2주

1. 준비한 캐러멜 호두는 모양이 예쁜 12개를 골라 장식용으로 남겨둔 후 식혀줍니다.

2. 캐러멜 호두가 식으면 푸드프로세서에서 곱게 갈아줍니다.

Point 너무 오래 갈아버리면 뭉칠 수 있으니 짧게 끊어주면서 갈아줍니다.

3. 60p 1~4번 과정과 동일하게 작업해 버터크림을 만든 후 헤이즐넛 프랄리네를 넣어줍니다.

4. 헤이즐넛 프랄리네가 골고루 섞이게 저어 헤이즐넛 크림을 완성합니다.

5. 포마드 상태의 버터를 충분히 휘핑합니다.

6. 설탕을 넣고 휘핑합니다.

7. 호두분말을 넣고 휘핑합니다.

Point 구운 호두를 푸드프로세서에 갈아 체에 내려 사용해도 좋습니다.

8. 달걀전란을 세 번에 나누어 넣으며 휘핑합니다.

9. 상온에 둔 미지근한 생크림을 두 번에 나누어 넣고 휘핑합니다.

10. 체 친 중력분, 베이킹파우더를 넣고 날가루가 보이지 않을 때까지 섞어줍니다.

How to 마무리

11. 짤주머니에 반죽을 담아 몰드에 채워줍니다.

12. 몰드를 바닥에 살짝 쳐 기포를 제거해 185℃로 예열한 오븐에 넣고 165℃에서 23분간 구워줍니다.

13. 구워져 나온 파운드케이크는 몰드에서 빼내 따뜻한 온기가 있을 때 호두 시럽을 케이크 전체에 발라준 후 식혀줍니다.

14. 식은 파운드케이크 전체에 만들어둔 헤이즐넛 크림을 발라줍니다.

15. 곱게 갈아둔 캐러멜 호두를 묻혀줍니다.

16. 원형 깍지를 끼운 짤주머니에 남은 헤이즐넛 크림을 담아 파운드케이크 가운데에 소량 파이핑합니다.

17. 장식용 캐러멜 호두를 크림 위에 고정시켜 마무리합니다.

레드벨벳 파운드케이크

쌀을 발효시켜 붉게 만든 홍국으로 만든 레드벨벳 파운드케이크예요.
100% 홍국쌀가루를 사용해 자연스러운 붉은색으로 완성했지만
좀 더 쨍한 붉은색을 원한다면 색소가 첨가된 홍국쌀가루를 이용해도 좋아요.

크림치즈

크림치즈

쌀가루 반죽

[재료]	쌀가루 반죽			크림치즈	
	버터 ············· 90g	베이킹파우더 ··· 5g		크림치즈 ········· 270g	
	설탕 ············· 150g	100% 홍국쌀가루		바닐라빈 ········· 1개	
	달걀전란 ········ 90g	······················ 20g		슈거파우더 ········ 105g	
	우유 ············· 12g	코코아파우더 ··· 5g		생크림 ············· 150g	
	바닐라빈 ········· 1개	소금 ·············· 2g		설탕 ·············· 20g	
	박력분 ··········· 212g	사워크림 ········ 200g			

[준비 사항]
- 버터는 포마드 상태로 준비합니다.
- 크림치즈는 상온에 꺼내두어 부드러운 상태로 준비합니다.
- 오븐은 굽는 온도보다 20℃ 높게 미리 예열해둡니다.

[틀&분량] 15cm 오란다틀 2대

[보관법]
- 냉장 : 3일
- 냉동 : 2주

1. 상온에 두어 부드러운 상태의 크림치즈를 가볍게 풀어줍니다.

2. 슈거파우더, 바닐라빈을 넣고 휘핑합니다.

3. 생크림, 설탕을 넣고 90% 정도로 크림의 형태가 남을 때까지 휘핑합니다.

4. 주걱으로 한 번 더 골고루 섞어 마무리합니다.

5. 데운 우유에 바닐라빈을 넣고 10분간 우려냅니다.

6. 달걀전란과 설탕은 거품기로 가볍게 섞어줍니다.

7. 포마드 상태의 버터는 고속으로 충분히 휘핑해줍니다.

8. 7에 체 친 박력분, 베이킹파우더, 홍국쌀가루, 코코아파우더, 소금을 넣고 휘핑합니다.

9. 날가루가 남지 않도록 주걱으로 볼 벽면을 정리해줍니다.

Point 가루의 양이 많기 때문에 한 덩어리로 뭉쳐지지 않습니다.

10. 6을 조금씩 나눠가며 섞어줍니다.

11. 5를 넣고 섞어줍니다.

12. 사워크림을 넣고 섞어줍니다.

13. 볼 벽면을 주걱으로 정리해줍니다.

14. 유산지를 깐 틀에 반죽을 약 380g씩 담고 양쪽으로 끌어
올리듯 정리한 후 바닥에 살짝 쳐 기포를 제거해 185℃로 예열
한 오븐에 넣고 165℃에서 30분간 구워줍니다.

15. 구워져 나온 파운드케이크는 바닥에 몇 번 쳐 뜨거운 증
기를 뺀 후 틀에서 빼 완전히 식힌 후 각봉을 이용해 1.5cm 두
께로 한 번만 재단합니다.

16. 895번 깍지를 끼운 짤주머니에 만들어둔 크림치즈를 담아 시트에 파이핑합니다.

17. 시트를 덮고 냉동실에 20분간 두어 크림치즈를 굳혀줍니다.

18. 파운드케이크 바닥을 제외한 모든 부분에 크림치즈를 파이핑합니다.

Point 스크레이퍼와 케이크 띠지로 정리할 것이므로 예쁘게 파이핑 하지 않아도 됩니다.

19. 파운드케이크 옆면을 스크레이퍼로 매끈하게 정리합니다.

20. 파운드케이크 윗면은 케이크 띠지를 구부려 크림치즈 윗면을 쓸어내리듯 돔 모양으로 만들어줍니다.

21. 완성된 파운드케이크는 냉동실에 20분간 두어 크림치즈를 굳혀줍니다.

SPECIAL CLASS

파운드케이크에 식감을 더하거나 맛을 증가시킬 수 있는 크럼블, 글레이즈와 아이싱, 포인트를 줄 수 있는 데커레이션 레시피를 알려드릴게요. 파운드케이크는 물론 다른 디저트 영역에서도 다양하게 사용할 수 있어 활용도가 높은 레시피예요. 케이크의 맛과 식감을 끌어올리기도 하지만 색감을 더하거나 장식으로 활용해 보기에도 좋아 디저트의 전체적인 완성도를 높여줘요.

크럼블

🍪 녹차 크럼블

노란 단호박 파운드케이크에 올렸을 때 색감이 참 예쁜 녹차 크럼블입니다. 구워져 나온 후에도
크럼블의 색이 유지되어 장식용으로 활용하기에도 좋습니다.

1. 포마드 상태의 버터와 나머지 모든 재료를 볼에 담아줍니다.

2. 마른 가루가 보이지 않도록 손으로 조물조물 반죽하듯 섞어줍니다.

3. 고슬고슬한 상태가 될 때까지 섞어 마무리합니다.

4. 크고 작은 덩어리가 자연스럽게 생기도록 뭉쳐 완성합니다.

[재료]

버터	40g
설탕	30g
박력분	50g
녹차가루	5g
아몬드가루	30g

🫘 콩 크럼블

고소한 맛이 있어 구황작물을 이용한 파운드케이크나 흑임자, 콩고물을 이용한 파운드케이크와 궁합이 잘 맞는 크럼블입니다.

1. 포마드 상태의 버터와 나머지 모든 재료를 볼에 담아줍니다.

2. 마른 가루가 보이지 않도록 손으로 조물조물 반죽하듯 섞어줍니다.

3. 고슬고슬한 상태가 될 때까지 섞어 마무리합니다.

4. 크고 작은 덩어리가 자연스럽게 생기도록 뭉쳐 완성합니다.

[재료]

설탕	30g
버터	40g
박력분	30g
강력분	20g
볶은 콩가루	30g
아몬드가루	30g

🍪 시나몬 크럼블

시나몬의 향긋함이 느껴지는 크럼블입니다. 시나몬가루의 양은 취향에 맞게 가감할 수 있습니다.

1. 포마드 상태의 버터와 나머지 모든 재료를 볼에 담아줍니다.

2. 마른 가루가 보이지 않도록 손으로 조물조물 반죽하듯 섞어줍니다.

3. 고슬고슬한 상태가 될 때까지 섞어 마무리합니다.

4. 크고 작은 덩어리가 자연스럽게 생기도록 뭉쳐 완성합니다.

[재료]

버터 ·············· 40g
설탕 ·············· 30g
박력분 ·········· 50g
시나몬가루 ······ 2g
아몬드가루 ······ 30g

글레이즈&아이싱

🧇 말차 글레이즈

초록빛 색감이 참 예뻐 파운드케이크를 더 돋보이게 하는 말차 글레이즈입니다. 말차의
원산지에 따라 쌉싸래한 풍미가 다르므로 취향에 맞게 선택하는 것이 좋습니다.

1. 화이트초콜릿을 전자레인지에서 녹여 잘 섞어준 후 말차
   가루를 넣고 섞어줍니다.

2. 포도씨유를 넣고 섞어줍니다.

3. 녹인 카카오버터를 넣고 섞어줍니다.

4. 완성된 말차 글레이즈는 30℃ 정도로 식혀 사용합니다.

[재료]

화이트초콜릿 ····· 300g
제주말차 ·········· 5g
포도씨유 ········· 20g
카카오버터 ······· 40g

☂ 커피초콜릿 글레이즈

밀크초콜릿의 부드러운 달콤함과 기분 좋게 씹히는 원두가루의 조합이 참 좋은 커피초콜릿 글레이즈입니다. 밀크초콜릿 대신 다크초콜릿, 화이트초콜릿 등으로 대체해 원하는 초콜릿 글레이즈로 완성할 수 있습니다.

1. 전자레인지에서 녹인 밀크초콜릿을 볼에 담고 잘 저어줍니다.

Point 여기에서는 발로나 둘세 초콜릿을 사용하였습니다.

2. 포도씨유를 넣고 섞어줍니다.

3. 녹인 카카오버터를 넣고 섞어줍니다.

Point 여기에서 마무리하면 기본적인 초콜릿 글레이즈로 완성됩니다.

4. 원두가루를 넣고 섞어 완성합니다. 완성된 커피초콜릿 글레이즈는 30℃ 정도로 식혀 사용합니다.

[재료]

밀크초콜릿 ····· 200g
포도씨유 ········ 30g
카카오버터 ····· 40g
원두가루 ········ 5g

🍶 체리 글레이즈

예쁜 핑크빛으로 완성되는 체리 글레이즈입니다. 체리 퓌레 대신 파운드케이크와 어울리는 다양한 종류의 과일 퓌레를 사용해 다양한 색감과 맛으로 활용할 수 있습니다.

1

2

3

4

1. 화이트초콜릿을 중탕으로 녹여 덩어리 없이 잘 저어준 후 녹인 카카오버터를 넣고 섞어줍니다.

Point 여기에서는 발로나 오팔리스 초콜릿을 사용하였습니다.

2. 포도씨유를 넣고 섞어줍니다.

3. 체리 퓌레를 넣고 섞어줍니다.

4. 완성된 체리 글레이즈는 30℃ 정도로 식혀 사용합니다.

Point 체리 퓌레가 들어가면 글레이즈가 빨리 굳기 때문에 서둘러 작업하는 것이 좋습니다.

[재료]

화이트초콜릿 ······ 300g
포도씨유 ·········· 20g
카카오버터 ········ 40g
체리퓌레 ··········· 30g

🎂 콩가루 글레이즈

한국적인 식재료를 이용한 파운드케이크와 잘 어울리는 콩가루 글레이즈입니다. 볶은 콩가루를 사용해야 콩의 비린맛이 없어 더 좋습니다.

1. 화이트초콜릿을 중탕으로 녹여 덩어리 없이 잘 저어준 후 콩가루를 넣고 섞어줍니다.

2. 포도씨유를 넣고 섞어줍니다.

3. 녹인 카카오버터를 넣고 섞어줍니다.

4. 완성된 콩가루 글레이즈는 30℃ 정도로 식혀 사용합니다.

[재료]

화이트초콜릿 ·· 300g
볶은 콩가루 ···· 30g
포도씨유 ········ 20g
카카오버터 ····· 40g

🍴 라벤더 아이싱

과하지 않게 은은하게 퍼지는 라벤더 향이 매력적인 아이싱입니다. 무화과를 사용한 디저트와 잘 어울리며 취향에 따라 라벤더 외의 다른 허브를 사용할 수 있습니다.

1. 끓인 물에 라벤더 티백을 담가 우려냅니다.

2. 슈거파우더에 1을 넣어줍니다.

3. 잘 섞어줍니다.

4. 마른 가루가 없이 골고루 섞이면 사용합니다.

[재료]

물 ·············· 25g
라벤더 티백 ···· 1개
슈거파우더 ····· 100g

🍸 레몬 아이싱

상큼한 맛을 더하는 레몬 아이싱입니다. 파운드케이크 외에도 레몬 위크엔드 케이크 등의
디저트에 다양하게 활용할 수 있습니다.

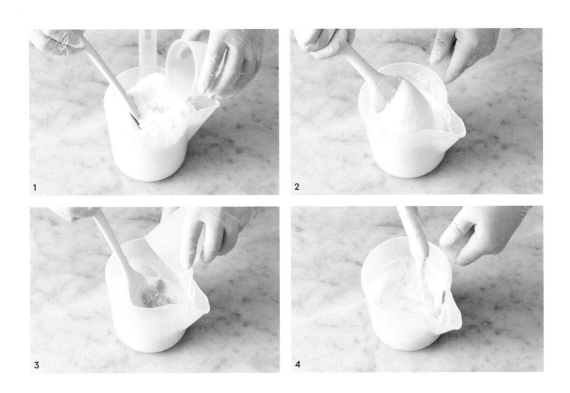

1. 분당과 레몬즙을 섞어줍니다.

2. 잘 저어줍니다.

3. 레몬제스트를 넣고 잘 섞어줍니다.

4. 완성된 모습입니다.

[재료]

분당 ············· 200g

레몬즙 ·········· 40g

레몬제스트 ····· 3g

● 캐러멜 호두

캐러멜 호두는 장식용도로 사용해도 좋고 162p처럼 푸드프로세서로 갈아 사용해도 좋습
니다. 견과류의 고소한 맛과 캐러멜의 달콤한 맛, 오도독 씹히는 식감이 좋아 베이킹에 다양
하게 활용할 수 있습니다. 호두 외에 헤이즐넛, 아몬드 등으로 대체해 만들 수도 있습니다.

1. 냄비에 설탕과 물을 넣고 끓이다가 설탕이 모두 녹으면 호두
   를 넣고 타지 않도록 잘 저어주며 끓여줍니다.

2. 계속 가열하면 설탕이 하얗게 결정화됩니다.

3. 사진처럼 결정화된 설탕이 다시 녹아 갈색빛으로 되돌아올
   때까지 주걱으로 섞어가며 가열해줍니다.

4. 완성된 캐러멜 호두는 불에서 내리자마자 테프론시트 위에
   넓게 펼쳐 굳혀줍니다.

[재료]

설탕 ············· 200g
물 ················ 60g
호두 ············· 200g

◌ 머랭 쿠키

디저트에서 데커레이션 용도로 다양하게 활용할 수 있는 머랭 쿠키입니다. 레시피처럼 깍지를 활용해 다양한 모양으로 파이핑하거나 얇고 평평하게 만들어 자연스러운 모양으로 부셔 사용할 수도 있습니다.

1. 달걀흰자에 설탕 일부를 넣고 저속으로 휘핑합니다.

2. 표면에 큰 기포가 없도록 고르게 휘핑합니다.

3. 불투명한 흰색으로 거품이 올라오면 남은 설탕을 조금씩 나눠 넣으며 휘핑합니다.

4. 휘핑 자국이 선명하게 남을 때까지 머랭을 단단하게 올려줍니다.

5. 다양한 깍지, 스크레이퍼를 이용해 원하는 모양으로 만들어줍니다.

6. 100℃에서 90분간 말리듯 구워줍니다.

[재료]

달걀흰자 ········ 90g
설탕 ·············· 90g

⬤ 깨 튀일

한국적인 식재료를 활용한 디저트에 데커레이션하기 좋은 깨 튀일입니다. 깨 대신 아몬드 슬라이스, 코코넛, 호두 등의 재료를 활용해 만들어도 좋습니다.

1. 볼에 달걀흰자를 넣고 휘퍼로 가볍게 풀어준 후 설탕을 2번에 나눠 넣으면서 섞어 줍니다.

2. 달걀흰자의 멍울이 풀리면 박력분과 소금을 넣고 섞어줍니다.

3. 녹인 버터를 넣고 섞어줍니다.

4. 깨를 넣고 섞어줍니다.

5. 완성된 반죽은 테프론시트 위에 붓고 넓게 펼쳐줍니다.

6. 스크레이퍼를 이용해 윗면이 평평하고 얇게 마무리한 후 165℃에서 8~10분간 구운 후 식혀 사용합니다.

Point 구워져 나온 튀일은 뜨거울 때 모양 커터로 잘라 사용하거나 식은 후 손으로 잘라 자연스 러운 모양으로 사용할 수 있습니다.

[재료]

달걀흰자 ········	75g
설탕 ··············	60g
박력분 ···········	30g
녹인 버터 ·······	35g
깨 ·················	120g
소금 ··············	1g

파운드케이크 Q&A

파운드케이크 수업을 하면서 수강생 분들이 가장 많이 질문하셨던 것들을 모아보았습니다.

Q 파운드케이크가 부풀지 않고 납작하게 나와요.

A 레시피에 따라 부풀지 않고 낮게 완성되는 경우도 있습니다. 부풀지 않는 레시피가 아닌데도 완성된 파운드케이크가 납작하다면 버터의 온도가 너무 낮아 공기가 충분히 들어가지 못했거나, 또는 너무 녹은 버터를 사용해 반죽이 충분히 부풀지 않았을 수 있습니다. 특히 온도가 낮은 겨울철에는 실온에 둔 부드러운 포마드 상태의 버터, 실온 상태의 달걀을 충분히 휘핑해 공기 포집을 충분히 해주는 것이 좋습니다.

Q 구운 파운드케이크 옆면이 주저앉듯 찌그러져요.

A 구운 후 틀 째로 식힌 경우 뜨거운 김이 빠져나가지 못해 파운드케이크 옆면이 주저앉을 수 있어요. 구워진 파운드케이크는 구워져 나온 직후 틀 째로 바닥에 한두 번 탕탕 쳐 타격을 주어 틀에서 분리해야 뜨거운 김이 빠져 케이크가 수축되지 않습니다.
또는 굽는 시간이 부족해 케이크가 덜 익은 경우에도 케이크가 주저앉을 수 있습니다. 레시피에 따라, 내 오븐의 상태에 따라 굽는 시간을 잘 체크하는 것이 좋습니다. 굽는 중간 반죽을 꼬치로 찔러보아 반죽이 묻어나오지 않는지 체크해보는 것도 좋은 방법입니다.

Q 반죽이 뭉글뭉글 분리돼요.

A 사용하는 버터나 반죽에 들어가는 재료가 너무 차가울 때 반죽이 분리될 수 있습니다. 분리된 반죽을 구우면 혼합되지 못한 기름이 많이 겉돌게 되고 완성된 케이크는 푸석푸석한 식감이 될 수 있습니다. 특히 달걀, 우유, 생크림, 요거트 등 수분 함량이 높은 재료들을 사용할 때는 실온에 미리 꺼내두어 미지근한 상태로 반죽에 넣는 것이 좋습니다. 이미 분리가 되어버린 상태라면 반죽에 사용되는 박력분, 아몬드가루 등의 가루재료를 넣고 섞어주거나 콩기름, 포도씨유 등의 기름을 넣고 섞으면 분리된 반죽이 원상태로 복구되기도 합니다.

Q 부재료가 반죽 아래로 가라앉아버려요.

A 건조 과일 등 비교적 덩어리가 큰 부재료를 파운드케이크 반죽에 첨가하는 경우 부재료의 무게 때문에 케이크 바닥에 가라앉아버리는 경우가 생길 수 있습니다. 이 경우 부재료 겉면에 밀가루를 살짝 묻히거나, 부재료를 조금 더 작게 잘라 반죽에 넣고 섞어주면 가라앉는 것을 방지할 수 있습니다. 이 경우에도 반죽을 너무 오래 섞으면 부재료가 가라앉을 수 있으니 반죽을 섞는 가장 마지막 단계에서 부재료를 넣고 살짝만 섞어 마무리하는 것이 좋습니다.

Q 파운드케이크는 왜 구운 당일보다 다음날 먹는 게 더 맛있나요?

A 파운드케이크에는 많은 양의 설탕이 들어갑니다. 이 설탕은 단맛을 내는 것 뿐만 아니라 수분을 빨아들이는 성질이 있기 때문에 굽고난 후 시간이 흐를수록 케이크가 더 촉촉해지도록 하는 역할도 합니다. 그래서 구운 당일보다 밀봉한 후 1~2일 지난 후에 먹는 것이 더 맛있게 느껴지는 것입니다.

Q 파운드케이크를 예쁘게 자르는 게 어려워요.

A 파운드케이크를 자를 때는 잘 드는 칼로 잘라야 합니다. 저의 경우 가나슈나 크림 없이 케이크(반죽)로만 이루어진 파운드케이크는 빵칼(톱칼)로 톱질하듯 길게 움직여 자르고, 가나슈나 글레이즈로 덮힌 파운드케이크는 칼을 따뜻하게 데워 깔끔하게 단면을 자릅니다. 파운드케이크를 자를 때도 구운 직후보다는 밀봉해 보관한 후 1~2일 지난 후 자르는 것이 수분이 골고루 퍼진 상태라 자를 때 부스러기가 덜 생기고 깔끔하게 잘립니다.

Editor's Pick
POUND CAKE

작년 10월에 출간된 『다쿠아즈』 도서는 더테이블의 첫 번째 출간 도서였던 만큼 저희에게도 참 의미 있는 책이었고 지금도 역시 소중한 책입니다. 한국은 물론 대만에서도 출간 직후 베스트셀러로 국내외 많은 독자 분들에게 지금까지도 관심과 사랑을 넘치게 받고 있는, 그런 뜻 깊고 감사한 책입니다.

『다쿠아즈』가 출간된 지 1년 만에 이렇게 두 번째 책을 출간하게 되어 감회가 새롭습니다. 전작에서 카페 디저트 메뉴를 구상하시는 분들, 집에서도 맛있는 디저트를 즐기고 싶은 홈베이커 분들을 위한 책으로 많은 사랑을 받았기에 두 번째 책을 통해서도 수준급 실력을 가지신 분들보다는 베이킹 초보자 분들, 비교적 쉽고 간단하게 만들어 부담스럽지 않게 카페 디저트 메뉴를 추가하고 싶으신 분들에게 도움이 되길 바라는 마음으로 기획했습니다.

많지 않은 재료로 반죽을 섞어 굽기만 하면 되는 간단한 레시피부터 크럼블을 만들어 올리거나 글레이즈를 입혀 디저트 전문점 메뉴로도 손색이 없는 레시피까지 다양하게 담았습니다. 베이킹에 익숙하지 않은 초보자 분들은 이 책을 따라 3가지 기법으로 만드는 기본 파운드케이크부터 순서대로 차근차근 만들면서 연습하다보면 좋아하는 재료와 취향에 맞는 배합으로 응용할 수 있는 단계까지 충분히 실력이 오를 것이라 생각합니다. 물론 베이킹에 익숙하신 분들은 이 책에 담긴 다양한 파운드케이크 중 원하는 것을 레시피 그대로, 혹은 나만의 감각을 담아 응용하실 수 있습니다.

간단한 레시피로도, 비교적 공정이 많은 레시피로도, 그 각각의 개성 넘치는 파운드케이크를 통해 베이킹의 재미와 매력에 푹 빠져보셨으면 좋겠습니다. 장 선생님이 말씀하신 것처럼 저희 또한 이 책이 독자 여러분들의 주방에서 아주 많이 더럽혀지고 낡아지기를 바랍니다.

작고 소박한 출판사와 또 한 번 손잡아주신 장은영 선생님께 감사드립니다. 선생님에 대한 감사함과 고마움을 담기엔 이 작은 페이지가 너무 부족하지만 진심이 담긴 마음은 전달되리라 믿습니다. 디저트를 만드는 새벽의 시간이 아직도 너무 좋다는 선생님의 말씀이 선생님을 뵐 때마다 문득 떠오릅니다. 한가할 틈이 없으실 텐데 언제나 변함없이 카페와 클래스를 운영하시는 것을 보며 저 또한 많은 것을 느끼고 배웁니다. 카페장쌤의 디저트에 담긴 선생님의 따뜻한 마음이 앞으로도 그곳을 찾는 분들과 선생님의 책을 보시는 독자 여러분들께도 오롯이 전해질 것이라 생각합니다.

이제는 무서울 정도로 손발이 척척 맞는 우리 어벤져스 팀 박성영 포토그래퍼, 이화영 푸드스타일리스트에게 감사의 인사를 전합니다. 바쁜 일정에도 언제나 꼼꼼하게, 정확하게, 예쁘게 책을 만들어주시는 김보라 디자이너에게도 감사의 말을 전합니다.

2019년 11월 더테이블 기획편집팀